Petra Dietz
Eva-Grit Schneider

Mein
Zwerghamster
zu Hause

bede bei Ulmer

Inhaltsverzeichnis

Vorwort

Dieser knuffige Kerl hat es Ihnen angetan? Dann hat der Zwerghamster es wieder einmal geschafft – ein Fan mehr. Die niedlichen Nager werden immer beliebter und machen ihren größeren Verwandten Konkurrenz. Haben Sie sich denn schon entschieden, welcher es sein soll? Die Wahl wird Ihnen sicher nicht leicht fallen, denn süß sind sie alle.

Bei uns werden vor allem Exemplare der Gattung *Phodopus* gehalten, besser bekannt als Kurzschwanz-Zwerghamster. Der Name gibt schon mal zwei wesentliche Merkmale wieder: Das Tier ist mit etwa sechs bis zehn Zentimetern Körperlänge recht zierlich und besitzt einen kurzen Schwanz. Der ist wirklich winzig, und man muss gut hinsehen, um ihn zu entdecken.

Die Kurzschwanz-Zwerghamster kommen ursprünglich aus Zentralasien. Zu dieser Gattung gehören der Roborowski Zwerghamster, der Campbell Zwerghamster und der Dsungarische Zwerghamster. Alle drei sind auch bei uns als Heimtiere vertreten. Der Dsungare ist dabei sozusagen der Spitzenreiter. Ein weiterer Hamster-Knirps erobert zurzeit die Wohn- und Kinderzimmer: der langschwänzige Chinesische Streifenhamster, den man auch als Chinesischen Zwerghamster bezeichnet.

Der niedliche Mini-Nager sieht auf den ersten Blick aus wie ein Mix aus Maus und Hamster. Kein Wunder also, dass der Chinesische Streifenhamster auch einer anderen Gattung angehört, der *Cricetulus griseus*.

In diesem Buch werden wir uns mit den genannten Zwerghamstern beschäftigen. Jeder Art sagt man bestimmte Charaktereigenschaften zu. Von bissig über verspielt bis superscheu. Doch lassen Sie sich davon nicht täuschen. Jedes Tier hat seinen eigenen Kopf und seine eigene Persönlichkeit, unabhängig von Art oder Gattung. Lassen Sie Ihr Urteil nicht von Vorurteilen beeinflussen. Lassen Sie einfach Ihr Herz sprechen. Was Sie dann noch brauchen, ist das richtige Zwerghamster-Know-How. Dieses Buch hilft Ihnen dabei, Ihren neuen Hausgenossen besser zu verstehen. Außerdem erhalten Sie Ratschläge in Sachen Anschaffung, Haltung, Pflege und Gesundheit.

>> **Wer kann diesen Knopfaugen widerstehen?**

4

Systematik

Hamster sind Säuger und gehören zur Ordnung der Nagetiere. Sie zeichnen sich damit durch eine besondere Gebissform aus. Sie haben vier markante Schneidezähne und zwölf Backenzähne. Die Schneidezähne haben eine besondere Eigenschaft, sie wachsen so lange die kleinen Tiere leben. Das ist übrigens bei allen Nagetieren so.

Auch unsere Zwerghamster haben wilde Vorfahren. Diese sind vor allem in Zentralasien zu Hause. Dort bewohnen die Nager zum Teil sehr raue Gebiete. Das kann die Steppe, Halbwüste oder das Gebirge sein. Es kann also sowohl bitterkalt, als auch glühend heiß sein.

In der freien Natur ernähren sich die Zwerghamster recht vielseitig. Auf dem Speiseplan stehen Kräuter, Getreide und Samen. Auch Eiweiß in Form von tierischer „Beute" wird gerne geschlemmt. Dazu gehören Heuschrecken, Grillen, Schnecken, Käfer und Regenwürmer.

Auffällig ist, dass Hamster Futtervorräte anlegen. Als Transportbehälter dienen ihnen ihre ausgeprägten Backentaschen. Wie in einer Tragetasche verstauen sie dort ihre gesammelten Fressalien. Zu Hause angekommen wird das Futter mit Hilfe der Vorderpfötchen aus dem Maul gestrichen. Das machen übrigens auch Heimtierhamster, auch wenn sie das Zusammenraffen von Essbarem gar nicht nötig haben. Aber diesen Urinstinkt verlieren sie auch als Heimtier nicht.

≫ **Vor dem Kauf bedenken: Zwerghamster haben eine Lebenserwartung von etwa drei Jahren.**

In der Natur graben sich Zwerghamster einen unterirdischen Bau – oder sie lassen graben. Denn manchmal besetzen die Wühler ausgediente Gänge anderer Tiere und machen es sich dort gemütlich. Der Bau ist etwa einen halben bis anderthalb Meter lang. Am Ende liegt die weich ausgepolsterte Nest- bzw. Schlafkammer. Meist gibt es noch weitere Kammern, die als Toilette und Vorratsräume benutzt werden.

Hamster sind dämmerungs- und nachtaktiv, man bekommt sie aber auch mal bei Tage zu Gesicht. Ein wichtiger Aspekt, den Sie bei der Heimtierhaltung beachten sollten. Zudem ist ein Hamster das einzige Tier, welches allein gehalten werden kann. Nicht wie bei anderen Heimtieren, die die Gesellschaft ihrer Artgenossen brauchen.

Ein weiterer Punkt ist die Lebenserwartung. Es ist schwer, darüber genaue Angaben zu machen. Es ist wie bei uns Menschen, die einen haben eine robustere Gesundheit als andere. Bei guter Haltung leben Heimtierhamster in der Regel länger als ihre wilden Verwandten. Das Leben in der Freiheit ist mit kräftezehrenden Anstrengungen und zahlreichen Feinden verbunden. Es kann gut sein, dass ein wilder Zwerghamster nur ein bis zwei Jahre alt wird. In Gefangenschaft kann das Tier unter Umständen drei Jahre alt werden, mit viel Glück sogar vier.

≫ **Der Tisch ist gedeckt. Die meisten Leckereien werden nicht gleich gefuttert, sondern erst mal in den Backentaschen verstaut.**

Arten und Farbschläge

▶ SYSTEMATIK

Klasse: Säugetiere(Mammalia)
Überordnung: höhere Säugetiere (Euarchontogli)
Ordnung: Nagetiere (Rodentia)
Unterordnung: Mäuseverwandte (Myomorpha)
Überfamilie: Mäuseartige (Muroidea)
Familie: Wühler (Cricetidae)
Unterfamilie: Hamsterartige (Cricetinae)
Gattung: Kurzschwanz-Zwerghamster (*Phodopus*)
Arten: Campbell Zwerghamster (*P. campbelli*),
Dsungarischer Zwerghamster (*P. sungorus*),
Roborowski Zwerghamster (*P. roborovskii*)

Ausnahme: Der Chinesische Streifenhamster ist zwar ein Zwerghamster, gehört aber der Gattung der langschwänzigen Zwerghamster oder Grauhamster (*Cricetulus*) an.

▶GUT ZU WISSEN

Der Dsungarische Zwerghamster und der Campbell Zwerghamster sind sehr eng miteinander verwandt. Das ist auch der Grund, warum sie manchmal als eine Art beschrieben werden (*Phodopus sungorus*).

≫ Aus Liebe zum Tier: eine artgerechte Haltung

Roborowski Zwerghamster
(Phodopus roborovskii)

Er ist der Kleinste unter den Kleinen. Dieser putzige Kurzschwanz Zwerghamster wird nur etwa sechs bis acht Zentimeter groß. Damit ist der Mini-Nager der winzigste Hamster der Welt. Das Fliegengewicht bringt gerade mal 20 bis 25 Gramm auf die Waage. Weibchen sind noch etwa zwei Gramm leichter.

≫ So winzig und so quirlig. Der Roborowski Zwerghamster ist ein agiles Kerlchen.

Der winzige Robo, so sein liebevoller Spitzname, ist zwar ein zartes Tierchen, aber an seinen rauen Lebensraum optimal angepasst. Der Roborowski Zwerghamster ist ursprünglich in der Mongolei beheimatet sowie in Teilen Sibiriens und Chinas. Da muss er mit seinen kleinen Füßchen durch zähen Sand und raue Steppen rennen. Die Natur hat ihn deshalb mit behaarten Fußsohlen ausgestattet.

Außerdem verfügt der kleine Nager über ein seidiges, sandfarbenes Fell. Die haarige Pracht hat nicht nur eine Tarnfunktion. Sie hilft auch dabei, flink über den sandigen Boden zu gleiten. Auffällig ist, dass den Tierchen ein Aalstrich fehlt. Außerdem sind Schnauze und Bauchseite weiß gefärbt. Sie haben einen schmalen, hellen Bogen über den Augen, was ein wenig an Augenbrauen erinnert.

Roborowski Zwerghamster sind nacht- und dämmerungsaktiv. Nur selten bekommt man sie bei Tageslicht zu Gesicht. Sie halten keinen Winterschlaf, aber sie reduzieren ihre Aktivitäten in den kalten Monaten doch erheblich.

Der Robo als Heimtier

Was bei dem kleinen Tier sofort auffällt, ist seine Schnelligkeit. Der Nager ist mit einem enormen Laufbedürfnis ausgestattet. Das hat seinen Grund: In der freien Wildbahn muss der Robo bei der Nahrungssuche weite Strecken zurücklegen. Das Rennen liegt in seiner Natur. Körper und Organe des Kerlchens haben also viel zu tun, das ist auch der Grund für die niedrige Lebenserwartung. Leider werden sie selten älter als zwei Jahre.

Robos können zu zweit gehalten werden, obwohl Hamster eigentlich Einzelgänger sind. Doch bei dem geselligen Roborowski Zwerghamster kann die Gruppen- oder Paarhaltung klappen. Kann – muss aber nicht. Es kann ebenso zu richtig bösen Beißereien kommen. Dann ist der Friede endgültig dahin. Da hilft nur noch eins: Sie müssen die Tiere in getrennten Käfigen halten.

Die Schnelligkeit und der Bewegungsdrang des Tierchens muss natürlich auch bei der Haltung beachtet werden. Der Kleine braucht viel Auslauf und einen ausbruchsicheren Käfig.

Farbschläge

Den Kleinen gibt es nur in seiner natürlichen Fellfärbung, also wildfarben.

➤➤ Mit etwas Glück klappt die Paarhaltung beim Robo.

7

Dsungarischer Zwerghamster
(Phodopus sungorus)

Das haarige Knäuel ist schon deutlich größer als der Robo. Immerhin wird er etwa neun bis elf Zentimeter lang und wiegt circa 45 bis 55 Gramm. Seine eigentliche Heimat ist nicht die chinesische Region Dsungarei, auch wenn der Name es vermuten lässt. Er kommt dort zwar vereinzelt vor, lebt aber hauptsächlich in Sibirien. Weshalb man ihn auch Sibirischen oder Russischen Zwerghamster nennt. Aber man findet ihn auch in der Mongolei, Mandschurei und Kasachstan. Der Dsungare bewohnt Halbwüsten und Steppen, scheut aber auch schneebedeckte Regionen nicht. Seine haarigen Fußsohlen bieten hier einen guten Schutz. Klettern ist jedoch nicht gerade seine Stärke. Der Dsungarische Zwerghamster hat, bis auf drei weiße Flecken zwischen Rücken und Bauch, ein graubraunes Fell. Vielleicht ist sein schönes Haarkleid der Grund, warum der Kleine noch einen weiteren Namen hat. Er wird auch als Zwergseidenhamster bezeichnet. Wie viele anderen Hamster weist auch er einen Aalstrich auf. Der schwarze Strich verläuft über Kopf und Rücken. In der Natur hält der Dsungare Winterschlaf. In der kalten Jahreszeit wird sein Fell deutlich heller. Manchmal nimmt es eine fast schneeweiße Farbe an. Ein prächtiger Anblick, den man bei der Heimtierhaltung allerdings leider kaum zu Gesicht bekommt.

>> **Ein seltener Anblick: Zwei Dsungaren, die friedlich zusammenleben.**

Der Dsungare als Heimtier

Der süße, pummelig wirkende Nager ist bei uns sehr beliebt und in den meisten Zoofachgeschäften zu kaufen. Die Lebenserwartung der Dsungaren liegt bei durchschnittlich zwei Jahren, obwohl es Exemplare gibt, die bei guter Haltung drei oder vier Jahre alt werden können.

Dsungaren sind Einzelgänger. In der Wildnis wollen die Nager nichts miteinander zu tun haben. Andere Tiere sind eine Konkurrenz bei der lebenswichtigen Futtersuche und werden angegriffen, wenn sie die Reviergrenzen überschreiten. Das passiert auch im Heimtierkäfig. Von einer Gruppenhaltung ist abzuraten. Das kann eine Zeit, vielleicht sogar ein Jahr lang, gut gehen, doch dann geht plötzlich die Beißerei los. Im beengten Käfig ist das für den unterlegenen Hamster eine gefährliche Situation, schließlich kann er nicht flüchten.

Farbschläge

Es gibt neben der Wildfarbe mittlerweile noch zwei weitere Farbschläge: Saphir (Blauwildfarbe) und Perlmutt (Pearl).

>> **Der Größte unter den Kleinen. Der Dsungare kann eine Länge von etwa 11 cm erreichen.**

Campbell Zwerghamster
(Phodopus campbelli)

Die Heimat des Hamsters ist die Mongolei, Mandschurei und der Norden Chinas. Das Kerlchen sieht seinem engen Verwandten, dem Dsungarischen Zwerghamster, sehr ähnlich. Sie sind etwa gleich lang und beide weisen im Fell den dunklen Analstrich sowie die typischen weißen Ausbuchtungen auf. Auch der Campbell hat behaarte Füße. Aber er ist etwas pummeliger als der Dsungare und hat ein etwas weicheres Fell. Das Haarkleid des Campbells ist zudem heller und im Nacken etwas struppiger. Ebenso fehlen die dunkleren Grenzlinien. In der Wildnis hält der Nager keinen Winterschlaf.

> Süßer Rowdy? Den Ruf als Kampfhamster hat der Campell nicht verdient. Jedes Tier hat seinen eigenen Charakter, den Sie respektieren müssen.

Der Campbell Zwerghamster als Heimtier

Wildlebende Campbell Zwerghamster verbringen ihr Leben häufig in einer monogamen Partnerschaft mit gemeinsamer Brutpflege. Das kann auch in der Heimtierhaltung vorkommen. Doch dann ist natürlich damit zu rechnen, dass sich Nachwuchs einstellt. Campbells können unter Umständen also gemeinsam gehalten werden. Die Erfolgschancen sind gar nicht so schlecht. Aber wie schon erwähnt, kann der Haussegen von einem Tag auf den anderen schief hängen.

Die Lebenserwartung des Campbell Zwerghamster entspricht dem des Dsungaren, also etwa zwei bis vier Jahre.

Der Campbell Zwerghamster wird häufig als angriffslustig beschrieben. Das hat das Tierchen nicht verdient. Der kleine Hamster ist vielleicht nicht unbedingt ein großer Schmuser, aber das sind viele andere Hamsterarten auch nicht. Auch hier lässt sich nur noch mal sagen, dass jedes Tier einen anderen Charakter hat. Es gibt viele Campbells, die sehr zutraulich sind und sich problemlos streicheln lassen.

Farbschläge

In Sachen Fellfarbe hat der Campbell einiges zu bieten. Ihn gibt es mittlerweile in zahlreichen Farbschlägen: wildfarben, gelbwildfarben (argent), blau (opal), schwarz, weiß mit schwarzen Augen, weiß mit roten Augen (Albino) und gescheckte Exemplare. Relativ neu ist die Züchtung von Tieren mit Satinfaktor. Hier glänzt das Fell auffallend. Diese Fellvariation kann in allen Farbschlägen auftreten.

> Auch mit gescheckten Haarkleid macht der Champbell eine gute Figur.

Chinesischer Streifenhamster
Chinesischer Zwerghamster
(Cricetulus griseus)

Dieser winzige Nager ist eine Gattung für sich. Denn im Gegensatz zu den bisher genannten Zwerghamstern, gehört er zu den Grauhamstern (Cricetulus). Außerdem weist sein Schwänzchen eine stattliche Länge von etwa zwei bis zweieinhalb Zentimetern auf. Damit verdient er sich die Bezeichnung „Langschwanz-Zwerghamster".

Die Männchen erreichen eine Körperlänge von etwa zehn bis 12 Zentimetern und wiegen etwa 35 bis 45 Gramm. Die Weibchen sind etwa zwei Zentimeter kleiner und zehn Gramm leichter. Mit diesen Maßen unterscheidet er sich deutlich von seinen kurzschwänzigen Hamsterkollegen. Mit seinem länglichen Körper und Köpfchen hat er Ähnlichkeit mit einer Maus. Er hat ein kurzhaariges, graubraunes Fell. Der Bauch ist hell gefärbt und über Kopf und Rücken verläuft ein dunkler Aalstrich.

Die ursprüngliche Heimat des Chinesischen Zwerghamsters ist Zentralasien. Er kommt in der Mandschurei, Mongolei, Südsibirien und natürlich in China vor. Man findet in Wüsten, Halbwüsten und Steppenregionen, aber auch in Waldgebieten.

Der kleine Asiate hält keinen Winterschlaf und ist in Sachen Kälte ganz schön robust. Selbst bei eisigen Temperaturen ist er außerhalb seines Baus aktiv.

Im Gegensatz zu den kurzschwänzigen Zwerghamstern ist der Chinesische Streifenhamster ein guter Kletterer. Da ist es von Vorteil, dass seine Fußsohlen nicht behaart sind. Sein Schwänzchen setzt er geschickt ein, um Balance zu halten.

Der Chinesische Streifenhamster als Heimtier

Er ist selten in Zoohandlungen zu finden, obwohl er immer beliebter wird. Fans lieben sein hübsches Aussehen und seine Zutraulichkeit. Der Chinesische Streifenhamster wird bei entsprechender Zuwendung schnell zahm und hat dann kein Problem damit, auf die Hand des Halters zu klettern. Außerdem lässt das Kerlchen sich auch öfter mal am Tag beobachten. Eine Einzelhaltung ist vor allem für den Anfänger ratsam, Gruppen- oder Paarhaltung klappt nur selten. Der Chinesische Streifenhamster ist der Methusalem unter den Zwerghamstern. Immerhin sind hier vier Jahre Lebenserwartung keine Seltenheit.

Farbschläge

Neben der Wildfarbe gibt es den niedlichen Chinesen auch gescheckt und in weiß mit schwarzen Augen.

≫ **Im Gegensatz zu seinen kurzschwänzigen Kumpels ist der Chinesische Streifenhamster ein guter Kletterer.**

>> **Erst Labortier, dann Heimtier**

Roborowski Zwerghamster: Bei einer Expedition im Jahr 1894 buddelte man den kleinen Kerl aus. Der Hamster erhielt den Namen des Expeditionsleiters, geriet aber schnell wieder in Vergessenheit. Wie beim Dsungaren erinnerte man sich dann wieder in den 60ern an ihn – mit dem gleichen Labor-Schicksal. Aber auch er schaffte dann den Sprung vom Labor- zum Haustier. Allerdings trifft man den Robo seltener an als den Dsungarischen Zwerghamster.

Campbell Zwerghamster: Der Zoologe Thomas Campbell entdeckte ihn 1905 und gab ihm gleich seinen Namen. Doch in Sachen Heimtier ist der Campbell ein Spätzünder. Erst seit Anfang der 90er ist der Zwerghamster hier als Heimtier erhältlich. Das heißt aber nicht, dass er nicht auch als Labortier missbraucht wurde. Das blieb auch dem Campbell Zwerghamster nicht erspart.

Chinesischer Streifenhamster: Der Zwerghamster wurde 1867 erstmals von dem französischen Zoologen Henri Milne Edwards beschrieben. Doch es dauerte bis 1960 bis er als eigene Art anerkannt wurde. Seit den 70ern gibt es den süßen Chinesen als Haustier. Doch trotz seiner positiven Eigenschaften ist er bei uns noch selten anzutreffen.

Die Begegnung mit dem Mensch war für die Zwerghamster nicht unbedingt von Vorteil. Denn man begeisterte sich zunächst nicht für ihr niedliches Aussehen, sondern für ihre „Qualitäten" als Labortiere. Vor allem in den 60ern und 70ern war dies das traurige Los der meisten in Gefangenschaft lebenden Zwerghamster. Erst später kam man auf die Idee, die niedlichen Nager als Heimtiere zu betrachten.

Dsungarischer Zwerghamster: Der Mini-Hamster wurde bereits 1772 von dem Deutschen Simon Pallas entdeckt. Er fand den Nager in der Dsungarei, das erklärt auch seinen etwas eigenwilligen Namen. Im 20. Jahrhundert, in den 60er Jahren, erfreute sich der Dsungare dann großer Beliebtheit – leider als Labortier. Im Laufe der 70er zog der hübsche Nager dann auch in unsere Wohnungen ein. Damit begann seine steile Karriere als beliebtes Heimtier.

>> **Der kleine Chinese hat viele positive Eigenschaften. Dennoch ist er bei uns noch relativ selten zu finden.**

Überlegungen vor dem Kauf

Für wen sind Zwerghamster geeignet?

Der Zwerghamster ist ein Heimtier, das Sie auch in einer Mietwohnung halten können. Vor der Anschaffung sollten Sie jedoch abklären, ob ein Familienmitglied unter einer Tierhaarallergie leidet. Das erspart Ihnen und dem Tier später viel Leid. Nicht selten landen Tiere aufgrund einer solchen Allergie im Tierheim. Jedes Haustier bringt Freude ins tägliche Leben. Doch auch so ein kleines Tierchen wie der Zwerghamster hat Ansprüche an seinen Lebensraum und seinen Besitzer. Natürlich muss der Nager artgerecht gehalten und versorgt werden. Aber das alleine reicht nicht aus, um ihn glücklich zu machen.

Der Zwerghamster braucht außerdem Auslauf und Anregungen. Letzteres ist besonders wichtig. Zwerghamster sind neugierig und clever. Eins darf man ihnen nicht antun: Sie in einen fast leeren Käfig stecken und einem öden Heimtierschicksal überlassen. Der Kleine braucht Abwechslung. Er will auf Entdeckungstour gehen, spielen und nagen. Das heißt für den Tierhalter, er muss seinem Nager etwas Zeit widmen.

Im Gegensatz zu vielen anderen Heimtieren hat der Zwerghamster kein Problem damit, wenn Sie ihm ein paar Tage nicht ganz so viel Aufmerksamkeit schenken. Aber was ist, wenn Sie länger fort sind? Wer versorgt den Kleinen, wenn Sie verreisen oder ins Krankenhaus müssen? Sprechen Sie bereits vor der Anschaffung Freunde und Familienmitglieder an, ob sie gegebenenfalls „Hamster-Sitter" spielen möchten. Auch die Kosten sind ein Aspekt, der bedacht werden muss. Das kleine Kerlchen frisst Ihnen sicher nicht die Haare vom Kopf. Aber dennoch werden Sie für ihn monatlich ein paar Euro ausgeben müssen. Daneben sollten sie auch Haltungs- und eventuelle Tierarztkosten einkalkulieren.

> **Für ältere Kinder sind Zwerghamster ideale Heimtiere.**

» Sie sind klein, aber nicht anspruchslos.
Ein Haustier ist immer mit Verantwortung
verbunden. Sind Sie dazu bereit?

ELTERN TRAGEN DIE VERANTWORTUNG

Auch wenn der Zwerghamster offiziell Ihrem Kind
gehört, sollten Sie sich darauf einstellen, dass Sie
sich letztendlich um das Tier kümmern müssen.

KEINE STINKER

Zwerghamster sind relativ pflegeleicht. Ein großes Plus: Sie produzieren nicht sehr viele „Hin-
terlassenschaften" und sind daher auch nicht
geruchsintensiv.

Zwerghamster als Spielgefährte?

Der putzige Mini-Hamster sieht wirklichen supersüß
aus. Das macht ihn bei Kindern besonders beliebt.
Doch dieses Tier ist ein empfindsames Lebewesen
und muss dementsprechend behandelt werden.
Zwerghamster können für Kinder ideale Haustiere
sein, doch das ist abhängig von dem Alter, dem Ver-
antwortungsbewusstsein und motorischem Geschick
der Kids.
Für Kinder, die das Grundschulalter noch nicht er-
reicht haben, eignen sich Hamster nicht. Beobachten
Sie, wie Ihr Kind mit dem Tier umgeht. Erklären Sie
ihm, worauf es achten muss. Der Zwerghamster kann
sich nicht wehren, wenn er von Kindern (unbeabsichtigt) gequält wird.

Wird er beispielsweise fallengelassen, kann das zu
äußerst schmerzhaften inneren Verletzungen oder
Rippen- und Knochenbrüchen führen. Schlimmstenfalls endet das „Spiel" tödlich. Machen Sie Ihr Kind
darauf aufmerksam, dass der Nager kein Puppen-
oder Stofftierersatz ist. Erklären Sie ihm, dass der
Hamster seinen eigenen Kopf hat und dass man seine
Bedürfnisse achten muss.
Ein Beispiel: Schläft der Zwerghamster, muss das
unbedingt respektiert werden. Auf keinen Fall dürfen
Sie erlauben, dass Ihr Kind den Zwerghamster weckt,
weil ihm der Sinn nach Action steht. Schlafmangel
bedeutet Stress für den Kleinen, und der wirkt sich
wiederum negativ auf seine Gesundheit aus.

» Alle Familiemitglieder müssen die Lebens-
gewohnheiten des Kleinen respektieren. Lassen
Sie ihn ungestört fressen und schlafen.

Für ältere Kinder hingegen ist ein Zwerghamster ein tolles Haustier. Sie lernen Verantwortung zu tragen und erleben die Freude, die solch ein Heimtier mit sich bringt. Eine wertvolle Erfahrung, von der Ihr Nachwuchs sicher nur profitieren kann. Doch Ihr Kind sollte sich darauf einstellen, dass ein Zwerghamster kein Kuscheltier ist. Einige Tiere klettern problemlos auf die Hand und lassen sich auch zart mit einem Finger streicheln. Aber eben nicht alle.

▶ GUT ZU WISSEN

Für Kinder ist der winzige Roborowski Zwerghamster nicht geeignet. Er ist mehr ein Beobachtungstier. Er so flink und hektisch, dass er einem schnell entwischt.

▶ NICHT LICHTSCHEU

Eigentlich sind Zwerghamster nacht- und dämmerungsaktiv. Viele Exemplare lassen sich aber auch tagsüber blicken. Einige Tiere passen sich sogar dem Tagesrhythmus ihrer menschlichen Familie an. So hat man auch im Hellen Freude an seinem Heimtier. Aber erzwingen lässt sich das nicht.

Worauf man bei der Anschaffung achten sollte

Einzelhaltung – ja oder nein?

Die meisten Hamsterarten sind von Natur aus Einzelgänger. Hält man sie solo, ist das für sie keine Belastung. Aber es gibt durchaus Ausnahmen. Häufig zeigen sich der Campbell und der Roborowski Zwerghamster gesellig. Wenn sich die Kleinen als Paar oder Gruppe halten lassen, ist das für Mensch und Tier eine tolle Sache. Wenn es aber nicht funktioniert, muss man als Halter sofort handeln. Sie sollten sich deshalb schon beim Erwerb mehrerer Tiere darauf einstellen, dass die Harmonie nicht ewig währt.

Besorgen Sie gleich einen Zweitkäfig, damit Sie im Fall der Fälle gleich eingreifen und die Streithähne trennen können. Das muss sein, sonst kann sich das unterlegene Tier ernsthafte Verletzungen zuziehen. Abgesehen davon, ist der Streitstress schlecht für die Tiere – und ihre Lebenserwartung. Übrigens: Es ist egal, ob Sie sich für ein Männchen oder Weibchen entscheiden. Man sagt zwar einigen Zwerghamsterweibchen nach, dass sie etwas unnahbarer sind als die Herren, aber es gibt auch giftige Kerle.

≫ Paarhaltung bei Hamstern ist Glückssache. Sie lässt sich nicht erzwingen.

Geschlechtertrennung statt Kastration: Wenn Sie mehrere Zwerghamster halten, sollten Sie gleichen Geschlechts sein. Sonst haben Sie sehr schnell Nachwuchs, und der ist meist nicht erwünscht. Eine Kastration oder Sterilisation sollten Sie nicht durchführen lassen. Das Risiko, dass die winzigen Nager die Narkose nicht überleben, ist einfach zu groß.

Auswahlkriterien Zoofachgeschäft, Züchter, Tierheim, Privat

Zoofachgeschäft

Sie haben sich in einen Chinesischen Streifenhamster verliebt? Dann werden Sie im Fachgeschäft wahrscheinlich nicht Ihr Glück finden. Im Handel findet man, abgesehen vom Dsungaren, nicht unbedingt alle Zwerghamsterarten. Wenn Sie sich für ein Tier aus dem Zoofachgeschäft entscheiden, sollten Sie ein paar Dinge beachten: Kontrollieren Sie die Haltung der Hamster.

Käfige und Tiere sollten sauber sein. Dreckige Käfige, gammelige Futterreste und verschmutzte Tiere deuten auf eine mangelhafte Hygiene hin. Leider kann das zur Folge haben, dass auch der Gesundheitszustand der Tiere beeinträchtigt ist. Vor dem Kauf sollten Sie eine Zeit lang das Verhalten der Zwerghamster beobachten. Am besten gehen Sie gegen Abend ins Geschäft, um die Kleinen in Aktion zu sehen.

Informieren Sie sich über das Geschlecht Ihres zukünftigen Hausgenossen. Lassen Sie sich nicht mit Sätzen wie „In dem Alter lässt sich das noch nicht erkennen" abspeisen. Normalerweise werden Jungtiere etwa ab der fünften oder sechsten Lebenswoche von ihrer Mutter getrennt (Robos etwas später), und in diesem Alter lassen sich die Geschlechtsmerkmale bereits erkennen.

>> Ist der Käfig sauber? Macht der Zwerghamster einen gesunden Eindruck? Nehmen Sie sich Zeit bei der Wahl Ihres neuen Mitbewohners.

Züchter

Der Kauf bei einem Züchter hat den Vorteil, dass man sich persönlich von der artgerechten Haltung der Zwerghamster überzeugen kann. Aber auch hier sollte man Tiere und Unterbringung genau inspizieren. Denn auch unter Züchtern kann es schwarze Schafe geben. Alter und Geschlecht der Tiere sind den Züchtern in der Regel bekannt. Zudem hat man die Möglichkeit, sich Geschwister aus einem Wurf auszusuchen, falls man gerne mehrere Tiere halten möchte. Züchter annoncieren in Zeitungen und im Internet.

≫ Schnäppchen: Das Zubehör gibt es bei Privatkäufen oft für wenig Geld oder sogar gratis dazu.

Tierheim

Es müssen ja nicht immer super junge Tiere sein. Auch ältere Zwerghamster freuen sich, wenn sie in ein liebevolles Zuhause kommen. Doch zu alt sollte der Hamster natürlich auch nicht sein. Ist er schon zwei Jahre alt, werden Sie nicht mehr lange Freunde an ihm haben. Aber im Tierheim werden ja nicht nur ältere Zwerghamster, sondern auch ungewollter Nagernachwuchs abgegeben. Informieren Sie sich beim Pflegepersonal über Alter, Geschlecht und eventuelle Krankheiten. Außerdem können Ihnen die Tierheimangestellten Tipps geben, ob sich bestimmte Tiere sogar in der Gruppe halten lassen.

Privat

Nicht selten kommt es bei Zwerghamsterhaltern zu unerwünschtem und ungeplantem Nachwuchs. Diese Jungtiere werden über Zeitung oder Internet angeboten. Natürlich werden über Kleinanzeigen auch erwachsene Tiere angeboten, die umständehalber abgegeben werden müssen. Vielleicht hat der Verkäufer sogar noch Zubehör übrig, dass Sie für wenig Geld gleich mit erwerben können. Fragen kostet ja nichts. Es gibt auch Internet-Hamstervermittlungen, die für Hamster in Not ein neues und liebevolles Zuhause suchen.

▶ GUT ZU WISSEN

Zwerghamster brauchen menschlichen Kontakt, um handzahm zu werden. Diese Aufmerksamkeit erhalten Sie häufig bei Züchtern und Privatpersonen.

Gesundheitscheckliste für die Anschaffung von Zwerghamstern

Sie haben einen kleinen Kerl gefunden, den Sie ins Herz geschlossen haben? Dann sollten Sie jetzt nicht sofort mit dem Zwerghamster nach Hause eilen. Erst einmal müssen Sie den Nager unter die Lupe nehmen. Denn Sie möchten sicher kein krankes Tier erwerben.

▶ GESUNDHEITSCHECKLISTE

- Der Hamster sitzt nicht apathisch rum. Er ist neugierig und munter.
- Er hat strahlende, klare, nicht tränende Augen.
- Das Fell ist dicht und sauber. Es weist keine kahlen Stellen oder Krusten auf.
- Die Haut ist rosig und zeigt keine Schuppenbildung.
- Die Nase ist trocken, nicht gerötet und ohne Ausfluss (Schnupfen).
- Schneidezähne und Krallen dürfen nicht zu lang sein. Achten Sie auf Zahnfehlstellungen.
- Aus dem Mäulchen kommt kein fauliger Geruch.
- Die Backentaschen kann der Hamster problemlos auffüllen - und wieder entleeren.
- Das Tier darf nicht humpeln und die Sohlen sollten sauber und verletzungsfrei sein.
- Schauen Sie sich auch die Kehrseite an. Die Afterregion sollte sauber sein, Verschmutzungen können auf eine Durchfallerkrankung hinweisen.
- Der Bauch muss weich sein. Ist er aufgebläht und verhärtet, kann das die Folge einer falschen Ernährung oder einer Magendarmerkrankung sein.
- Der Zwerghamster darf nicht zu dick und nicht zu dünn sein (keine heraustretenden Knochen).
- Der Kleine hat einen geraden Rückenverlauf.
- Die Atmung des Zwerghamsters muss gleichmäßig und ruhig sein, ohne Rasselgeräusche oder anderen Auffälligkeiten.

▶ KEIN MITTLEIDSKAUF

Auch wenn es schwerfällt: Kaufen Sie keine Tiere, weil sie im Geschäft unter katastrophalen Bedingungen gehalten werden. Die Gefahr ist groß, dass Sie sich damit kranke und verhaltensgestörte Tiere anschaffen. Außerdem „belohnen" Sie mit solch einem Mitleidskauf das amoralische Verhalten des Tierhändlers. Der macht mit seinem schändlichen Treiben weiter. Zwerghamster, die nicht verkauft werden, enden dann häufig als Futtertiere oder werden einfach weggeworfen. Besser: Melden Sie die nichtartgerechte Heimtierhaltung dem Tierschutzverein.

Männchen oder Weibchen? Geschlechtsmerkmale

In der Regel sind junge Zwerghamster fünf bis sechs Wochen alt, wenn sie abgegeben werden. Eine Ausnahme bildet der kleine Roborowski Zwerghamster. Er wird erst ein paar Wochen später abgeben, da er so winzig ist. Im üblichen Abgabealter sind die Geschlechtsmerkmale bereits zu erkennen, zumindest für einen Experten. Dazu zählen auch Zoofachverkäufer und Züchter.

Für einen Laien ist es nicht so einfach, die Geschlechter zu unterscheiden. Nehmen Sie den Hamster behutsam hoch, und drehen Sie ihn sanft auf den Rücken. Beim Weibchen liegen beide Öffnungen, After und Geschlechtsteil, viel näher beieinander als beim Männchen. Außerdem ist die weibliche Kehrseite etwas runder. Das Männchen entwickelt etwa ab der sechsten Lebenswoche Hoden.

» Beim geschlechtsreifen Männchen lassen sich die Hoden erkennen (links). Die Kehrseite der Weibchen ist runder (rechts).

Zwerghamster und andere Tiere

Hunde und Katzen

Zwerghamster sind eine beliebte Beute. Ihre wilden Artgenossen sind vielen Gefahren ausgesetzt. Dementsprechend schreckhaft sind auch die domestizierten Zwerghamster. So ist es nur verständlich, dass die Tiere es nicht mögen, wenn sie von einem Hund oder einer Katze gejagt werden. Natürlich können die sogenannten Räuber und Nager aneinandergewöhnt werden, dennoch bleibt immer ein Restrisiko. Denn ein davonhuschender Zwerghamster kann selbst in dem friedfertigsten Hund Jagdgefühle wecken. Auch Katzen sind eingefleischte Jäger und können eine tödliche Bedrohung darstellen. Auch das Weglaufen bekommt den Kleinen gar nicht. Unter Umständen bringt sie eine Hetzjagd sogar um. Lassen Sie Ihren freilaufenden Hamster nur unter Aufsicht mit einem Hund oder einer Katze alleine.

>> Der Zwerghamster ist ein beliebtes Beutetier. Das macht das Zusammenleben mit Hund und Katze nicht gerade einfach.

Vögel

Kleinere Piepmätze, wie Sittiche, stellen keine Bedrohung für Zwerghamster dar. Eifersüchtige Großsittiche oder Papageien hingegen können schon mal nach dem Nager hacken. Das ist bei den kräftigen Schnäbeln nicht ungefährlich. Lassen Sie Ihren Zwerghamster nicht unbeaufsichtigt laufen, wenn auch der Vogel gerade seinen Freigang bzw. Freiflug genießt. Übrigens: Andauerndes Vogelpiepsen- oder schreien ist nichts für die Hamsteröhrchen. Die Tiere sollten daher nicht in einem Raum gehalten werden.

Nager

Auf keinen Fall sollte der Zwerghamster mit anderen Nagern zusammen in einem Käfig leben. Das funktioniert überhaupt nicht. Aber mit einigen kann der Zwerghamster zumindest seinen Freilauf teilen. Dazu gehören z.B. Wüstenrennmäuse und Meerschweinchen. Kaninchen sind schon etwas groß und könnten ihn unbeabsichtigt verletzen.
Niemals: Ratten und Hamster in einem Auslauf. Das würde für den Zwerghamster tödlich enden.

Andere Tiere

Vorsicht ist bei allen Räubern geboten. Dazu gehören Echsen und Schlangen, aber auch die immer beliebter werdenden Frettchen. Übrigens: Lassen Sie den Hamster nicht in der Nähe eines Aquariums herumlaufen. Er könnte hineinfallen und ertrinken.

>> Zwerghamster erkunden einfach alles!

▷ INFOBOX

Natürlich können Sie neben Zwerghamstern noch andere Haustiere halten. Auch wenn die Tiere nicht miteinander auskommen, so können sie doch häufig zumindest nebeneinander gehalten werden. Das ist eben alles eine Frage des Tierhaltungs-Managements. Wichtig ist, dass Sie genügend Zeit für alle tierischen Hausgenossen mitbringen. Ein chaotisch geführter Haustierzoo verursacht Stress – bei Ihnen und Ihren Tieren.

Was kosten Zwerghamster?

Das Tier selber ist nicht der größte Kostenfaktor. Abhängig von der Zwerghamsterart, dem Farbschlag und dem Alter zahlt man zwischen fünf und 12 Euro für ein Tier. Auch Hamster aus einem Tierheim sind verständlicherweise nicht umsonst. Der Interessent muss eine Schutzgebühr entrichten. Neben den einmaligen Anschaffungskosten kommen dann noch die größeren Ausgaben für Käfig, Futter und eventuell Tierarzt hinzu. Für einen Käfig mit entsprechender Ausstattung muss man etwa zwischen 70 und 100 Euro zahlen.

▶ STRESSFREI LANGE LEBEN

Die Lebenserwartung der Mini-Hamster ist nicht allzu hoch. Damit die Tiere für ihre Verhältnisse möglichst lange bei uns sind, muss auf eine gute Haltung geachtet werden. Dazu gehört, dass dem Tier kein Stress zugemutet wird. Dieser kann beispielsweise ausgelöst werden durch eine ungewollte Gruppenhaltung oder Hetzjagden. Auch Schwangerschaften können die Lebensdauer eines weiblichen Zwerghamsters deutlich verkürzen.

≫ Zwerghamster lieben solche Versteckplätze.

Eingewöhnung

Der Transport

Wenn Ihr Zwerghamster sich mit Ihnen auf den Weg in sein neues Hamsterdomizil macht, sollte das für ihn möglichst stressfrei ablaufen. Besorgen Sie sich vor dem Kauf einen geeigneten Karton oder noch besser eine Transportbox. Die können Sie später auch für Tierarztbesuche nutzen. Für welches Behältnis Sie sich auch entscheiden, es muss sicher zu verschließen sein, über ausreichend Luftlöcher verfügen und abgedunkelt werden. In der Dunkelheit fühlen sich die Tiere geborgener, weil die Box dann einer Höhle oder einem Bau ähnelt.

Außerdem können wechselnde Umwelteindrücke Ihr Tier ängstigen und stressen. Begeben Sie sich mit Ihrem neuen Mitbewohner auf dem schnellsten Weg nach Hause, muten Sie dem sensiblen Tier keinen längeren Transport zu als unbedingt notwendig.

» **Auf dem schnellsten Weg ins neue Heim**

►VORSICHT AUSBRUCHGEFAHR!

Egal, welches Transportbehälter Sie wählen – es sollte ausbruchsicher sein. Die meisten Katzenboxen sind völlig ungeeignet, weil die Gitterstäbe zu weit auseinander liegen. Da kann ein Hamster, vor allem Jungtiere und insbesondere der winzige Roborowski Zwerghamster, schnell durchschlüpfen.

So eine Transportbox ist eine sinnvolle Anschaffung, z.B. für Tierarztbesuche

Willkommen im neuen Zuhause

Achten Sie auf die richtige Reihenfolge: Erst das Hamsterheim einrichten, dann den neuen Mitbewohner abholen. Zu Hause angekommen, können Sie das Kerlchen sanft in den Käfig setzen. Besser wäre es jedoch, wenn Sie gleich die geöffnete Transportbox so in oder an den Käfig stellen, dass der Hamster von alleine in sein neues Zuhause marschieren kann.

Verständlicherweise möchte jetzt jeder gerne das neue „Familienmitglied" in Augenschein nehmen. Doch lassen Sie dem Zwerghamster ausreichend Zeit, sich an die ungewohnte Umgebung zu gewöhnen und den Transportstress zu verarbeiten. Nach etwa zwei bis drei Stunden können Sie sich neben den Käfig setzen und leise mit dem Tier reden. Wenn Sie Kontakt aufnehmen möchten, dann in den ersten Tagen nur im Käfig.

Möchten Sie sich bei Ihrem neuen Hausgenossen beliebt machen, sollten Sie Ihn verwöhnen. Locken Sie ihn mit einem Leckerli in der offenen Handfläche. Krabbelt das Kerlchen auf die Hand und holt sich den Leckerbissen, sind Sie in Sachen Vertrauen schon mal einen riesengroßen Schritt weiter. Aber nicht übertreiben. Auch wenn der Hamster von alleine zu Ihnen kommt, sollten Sie mit Streicheln oder Hochnehmen noch ein paar Tage warten.

>> **Bezugsfertig. Bieten Sie dem Neuankömmling ein bereits eingerichtetes Heim.**

▶ OPTIMALE „HANDHABUNG"

Heimtieranfänger sind oft etwas hilflos, wenn es um das richtige Tragen und Halten Ihrer neuen Lieblinge geht. Bevor Sie den Hamster hochnehmen, sprechen Sie beruhigend auf das Tier ein, und lassen Sie ihn an Ihrer Hand schnuppern. Sanfter wäre es, wenn Sie ihn mit etwas Fressbaren auf die Hand locken können. Dann nehmen Sie das Tier langsam und behutsam hoch und decken es mit der zweiten Hand ab.

▶GUT ZU WISSEN

Vorsicht: Zwerghamster sind sehr flink und es kann schnell passieren, dass sie ausbüchsen. Der Sturz von einer Hand kann tödlich sein! Auf keinen Fall dürfen Sie den Hamster am Nackenfell hochnehmen. Das macht zwar die Hamstermutter mit Ihren Jungen, aber die ist auch klein und zart. Eine große, grobe Menschenhand würde mit dem Nackengriff nicht nur Schmerzen, sondern auch Verletzungen, vor allem im Backenbereich, verursachen.

Kein Räubergriff: Ihr Zwerghamster rennt panisch weg, wenn Sie ihn durch die obere Käfigöffnung herausnehmen möchten? Das hat seinen guten Grund: Sie ähneln in Ihrem Verhalten einem Raubvogel, der vom Himmel hinab auf seine Beute stürzt. Besser: Bevor Sie das Tier herausnehmen, sollten Sie es an Ihrer Hand schnuppern lassen. Packen Sie es erst dann, und vermeiden Sie dabei hektische Bewegungen.

≫ Ideal: Ihr Zwerghamster kommt von alleine auf die Hand.

≫ Wenn sich der Kleine partout nicht anfassen lässt, hilft der Bechertrick.

Käfigstandort

Eins vorneweg: Zwerghamster sind nicht für die Außenhaltung geeignet. Suchen Sie drinnen ein schönes Plätzchen für den munteren Kerl. Zu grell beleuchtet sollte der Raum nicht sein. Der Käfig darf weder im Durchzug, noch zu nahe an einer Heizung stehen. Die ideale Raumtemperatur liegt zwischen 18 und 26 C°.

Wenn Sie die Wohnung lüften möchten, sollten Sie darauf achten, dass der Zwerghamster keiner Zugluft ausgesetzt wird. Die sensiblen Tiere reagieren darauf oft mit einer Erkältung. Schützen Sie den Hamster aber auch vor direkter Sonnenbestrahlung, damit der kleine Körper nicht überhitzt wird. Die Küche ist kein guter Standort. Das empfindliche Näschen des Nagers ist dort intensiven Gerüchen ausgesetzt. Das ist für das Tier nicht nur unangenehm, sondern auch gesundheitsschädigend. Das Gleiche gilt für Nikotingestank.

>> **Eine hohe Wanne im Gitterkäfig verhindert, dass die Streu rausfliegt.**

ERFOLGSTIPP

Der Käfig sollte einen festen und erhöhten Standort haben. Das trägt dazu bei, dass der Zwerghamster zahm wird. Dem Tier wird so das Beutegefühl (Raubvogeleffekt) genommen. Außerdem bekommt der neugierige Nager besser mit, was sich in der Menschenwelt so Spannendes tut.

Ein ruhiger Standort ist ein Muss. Das Tier braucht seinen Schlaf und darf währenddessen nicht gestört werden. Eine laute Umgebung schätzen Zwerghamster überhaupt nicht. Stellen Sie den Käfig also bitte nicht neben die Stereoanlage.

Der richtige Käfig

Erst einmal sollten Sie sich über die Unterbringungsart im Klaren sein. Soll es ein Gitterkäfig, ein Aquarium oder Terrarium sein? Jedes Heim hat seine Vor- und Nachteile.

Gitterkäfig:

Er ist leicht zu reinigen und wird gut belüftet. Außerdem kann man durch die Gitterstäbe Kontakt zum Tier aufnehmen. Käfigeinrichtung und Zubehör lassen sich prima an den Stäben befestigen.

Aber es gibt auch Nachteile: Beim Buddeln fliegt die Einstreu durch die Gitterstäbe. Aufpassen muss man bei Zwerghamstern, die gerne klettern, es aber nicht können. Dazu zählen eigentlich fast alle kurzschwänzigen Zwerghamsterarten. Sie erklimmen die Gitterstäbe und plumpsen nicht selten herunter. Und schon ein Fall aus geringer Höhe kann für das Tierchen lebensgefährlich sein.

Anders sieht es beim Chinesischen Streifenhamster aus. Der ist in der Regel ein wendiger und guter Kletterkünstler, den man auch beruhigt in einen Gitterkäfig setzen kann. Bekommt der Zwerghamster nicht genügend Knabbermaterial und Abwechslung geboten, kann es passieren, dass er die Gitterstäbe annagt. Diese sind häufig lackiert, beim Anknabbern können dann Lackteilchen verschluckt werden. Wichtig: Die Stäbe sollten einen Abstand von höchstens sechs Millimetern haben. Der zarte Nager könnte sich sonst durchquetschen.

> **INFOBOX**

Streutiefe beachten: Zwerghamster buddeln für ihr Leben gern. Das liegt in ihrer Natur. In der Wildnis graben sie meterlange Tunnel und leben in einem unterirdischen Bau. Keine Frage, dass auch Ihr Zwerghamster die Möglichkeit haben muss, ausgiebig zu buddeln. Eine Streutiefe von mindestens 10 cm wäre prima. Wenn der Kleine in einem Gitterkäfig mit Wanne lebt, sollte diese in jedem Fall so hoch sein, das der Zwerg darin graben kann.

» Zwerghamster sind Wühler. Sorgen Sie für genügend Buddelmaterial.

▶ INFOBOX

Keine Gitter für Robos: Für einen Roborowski Zwerghamster ist ein Gitterkäfig überhaupt nicht geeignet. Er ist so klein, dass er sich durch schmale Ritzen zwängen kann. Er kann nur in einem Aquarium oder Terrarium untergebracht werden.

Nagergefahr: Eine Plastikwanne im Käfig ist praktisch, aber auch gefährlich. Die Tiere nagen die Wanne an und verschlucken das Material. Besser ist eine Metallwanne. Sie ist etwas teurer, aber auch langlebiger und vor allem nicht so gefährlich.

Aquarium:

So ein „Fischhaus" ist auch ein prima Heim für Zwerghamster. Da die Kleinen nicht allzu viel Kot und Urin ausscheiden, sollte es bei artgerechter Haltung auch keine Hygieneprobleme geben. Von Vorteil ist, dass der Nager nach Herzenslust buddeln kann. Für die Abdeckung muss man aber selber sorgen. Dafür braucht man kein Bastelfreak zu sein. Eine Abdeckung aus engmaschigem Draht ist schnell gebaut. Sie muss nur ausbruch– und verletzungssicher sein.

Wichtig: Das Aquarium darf nicht höher als tief sein, sonst gibt es Belüftungsprobleme. Aber auch das Aquarium hat Nachteile. Es ist relativ schwer und damit auch etwas unhandlich. Kinder können und sollten es nicht bewegen. Außerdem ist die Reinigung nicht so einfach wie die eines Gitterkäfigs.

Terrarium:

Ein Terrarium eignet sich bestens als Zwerghamsterhaus. Vor allem ist es von oben und unten belüftet. Zudem hat es den Vorteil, dass man von vorne Zugriff hat und nicht von oben (Beutegriff). Und der Blick auf den kleinen Kerl ist nicht durch Gitterstäbe behindert. Aber auch hier gilt: Das Terrarium ist recht schwer und arbeitsaufwendig bei der Reinigung.

Käfig Marke Eigenbau

Wer etwas geschickt ist, kann ein wahres Hamsterparadies erschaffen. In einem selbstgebauten Heim kann man seiner Phantasie freien Lauf lassen, so lange alles sicher und artgerecht ist. Anleitungen findet man

≫ Achten Sie beim Bauen und Basteln auf Hamstersicherheit.

beim Züchter oder in entsprechenden Foren im Internet. Auch auf Nagerbörsen hilft man gerne weiter. Bei dem selbstgebauten Hamsterheim müssen Sie jedoch darauf achten, dass nichts hervorsteht, woran sich das Tier verletzen könnte. Dazu zählen unter anderem Schrauben, Nägel sowie spitze oder abgebrochene Äste.

Auf keinen Fall ein Plastikröhrenkäfig

Im Handel gibt es sehr dubiose Käfige zu kaufen. Dazu gehört der Plastikröhrenkäfig. Er ist nicht nur unattraktiv, sondern auch lebensgefährlich für Ihren Zwerghamster. Der Kleine kann darin stecken bleiben. Außerdem kommt es in den engen Röhren häufig zu massiven Belüftungsproblemen, die zum Erstickungstod führen können. Andauernde Kondenswasserbildung führt zu Atemwegserkrankungen. Beim gefährlichen Plastikröhrenkäfig müssen vor allem Eltern konsequent sein. Die ultramoderne und bunte Aufmachung ähnelt einem Kinderspielzeug und spricht vor allem die jüngere Generation an.

Käfiggröße

Hamster sind „Dauerläufer". In der Wildnis legen die Nager weite Strecken zurück. Dieser natürliche Lauftrieb kann in einem winzigen Käfig natürlich nicht ausgelebt werden. Da hilft auch ein Laufrad nicht (siehe auch Kapitel „Käfigausstattung"). Die Käfigmindestgröße wird häufig mit 60 x 40 x 40 cm angegeben. Doch tiergerechter ist sicher eine Größe von 80 x 40 x 40 cm. Zu hoch sollte der Käfig übrigens nicht sein. Überschreitet er die Höhe von 40 cm, ist es ratsam, eine Zwischenetage einzubauen. Überhaupt sind Zwischenebenen eine tolle Sache im Käfig. Sie sorgen für Abwechslung und Bewegung. Zudem bieten sie dem Tier Ausweichmöglichkeiten. Ein Schlafhäuschen oben, eins unten – der kleine Kerl kann es sich aussuchen.

>> Ein Laufrad ist kein Ersatz für einen zu kleinen Käfig.

▶ ERFOLGSTIPP

Sie wollen Zwischenetagen in einem Aquarium oder Terrarium einbauen? Bringen Sie dafür unbehandelte Holzleisten als Rahmen an, und befestigen Sie daran die Etagen.

▶ DIE RICHTIGE EINSTREU

- Seien Sie großzügig. Bieten Sie dem Tier eine mindestens 10 cm dicke Streuschicht.
- Sie können übliche Kleintierstreu verwenden.
- Vogelsand mögen die Zwerghamster sehr gerne. Der nimmt jedoch sehr schnell Feuchtigkeit auf und ist nicht so geruchbindend.
- Rindenmulch ist geeignet, aber etwas teurer. Setzen Sie es lieber als Beschäftigungsmaterial ein.
- Heu schmeckt gut und ist prima Nistmaterial. Als Einstreu eher ungeeignet, da es schnell schimmelt.
- Achten Sie auf staubfreie Einstreu. Sonst werden die Atemwege des Zwerghamsters belastet.
- Verwenden Sie keine behandelten Holzspäne.
- Nehmen Sie keinen Torf, der kann zu Pilz- und Atemwegserkrankungen führen. Sägemehl reizt ebenfalls die Schleimhäute.
- Scharfkantige Streu (z. B. Katzenstreu) hat im Käfig nichts zu suchen.
- Keine Gartenerde nehmen, da diese mit Keimen belastet ist.
- Blumenerde kann man nicht verwenden, da sie mit giftigem Dünger versetzt ist.

Käfigausstattung

Ihr Hamster benötigt einiges an „Mobiliar". Denken Sie daran: Bevor Sie mit der Einrichtung beginnen, müssen Sie Einstreu auslegen.

Essen und Trinken

Stellen Sie zwei Futternäpfe auf. Einen für Trockenfutter, den anderen für Saft- und Beifutter, wie Obst, Gemüse oder Mehlwürmer. Verwenden Sie keine leichten Kunststoffbehälter, die kippen schnell um. Setzen Sie dem Nager Schalen aus schwerem Porzellan oder Ton vor. Zusätzlich sollten Sie eine Heuraufe besorgen. Es gibt Raufen, die aufgestellt oder am Käfig befestigen werden können, so können sich die Tiere nicht mehr in ihr Essen legen.

Zusätzlich sollten Sie Ihrem Hamster einen Salzleckstein besorgen, um eventuellen Salz- und Mineralmangel auszugleichen. Zwerghamster brauchen nicht viel Flüssigkeit, aber natürlich muss ihnen immer frisches Wasser zur Verfügung stehen. Ideal sind Trinkspender. Diese Nippelflaschen eignen sich besonders gut, da darin das Wasser nicht so schnell verschmutzen kann. Sie lassen sich in einem Gitterkäfig leicht anbringen. Wechseln Sie das Wasser trotzdem täglich.

≫ Auf keinen Fall mit Einstreu geizen.

>> Diese hübsche Schale ist hamsterfest.

Für ein Terrarium oder Aquarium gibt es Spender die eingehängt oder mit einem Saugnapf befestigt werden können. Da der Saugnapf in der Regel nicht gut hält, kann man ihn auch mit doppelseitigem Klebeband befestigen. So lässt sich die Flasche auch wieder leicht lösen. Bastelfreunde werden sicher noch andere Ideen haben. Dabei ist nur zu beachten, dass der Zwerghamster sich nicht verletzen kann (lose Drahtenden etc.).

Wenn Sie mit Kleber oder Silikon arbeiten, muss der geklebte Gegenstand drei Tage auslüften, bevor er in Kontakt mit Ihrem Tier kommt. Die Ausdünstungen sind für Zwerghamster giftig.

▶ ERFOLGSTIPP

Hängen Sie die Trinkflasche nicht über einen Futternapf. Heraustropfendes Wasser kann das Futter durchnässen.

>> Eine tropfende Nippelflasche nicht über das Futter hängen.

Schlafen

Stellen Sie mindestens zwei Schlafhäuschen in den Käfig, idealerweise aus Keramik oder Holz. Es sollte leicht zu kontrollieren sein, damit Sie gammelige Nahrungsreste einfach entfernen können. Bei der Häuschenwahl haben Sie verschiedene Möglichkeiten.

Der Handel bietet bereits fertige Kleintierhäuschen an. Alternativ können Sie ausgehöhlte Kokosnüsse (unbehandelt), Baumwurzeln, Strohkugeln, Keramikschalen (mit Belüftungsloch) oder Tonröhren verwenden. Raue Materialien haben zudem den Vorteil, dass sich der Zwerghamster beim Darüberlaufen gleich die Krallen abwetzt.

Gut gepolstert

Der Hamsterschlafplatz ist auch sein Nest. Und dort hat er es gerne kuschelig weich. Für die Bequemlichkeit sorgt der Zwerghamster, für das Polstermaterial sind Sie verantwortlich. Dabei müssen Sie darauf achten, dass das Material verdaulich ist. Die kleinen Nager knabbern auch an ihrer Polsterung herum. Bieten Sie dem Tier für seine Schlafzimmerausstattung Grasballen, Stroh, Heu sowie zerrissene Kosmetik- oder Papiertaschentücher an. Aber auch Toiletten- und Küchenrollenpapier wird gerne genommen (alles unparfümiert). **Vorsicht:** Das Papier darf nicht wasserunlöslich sein. Machen Sie vorher den Test. Sehen Sie, ob sich das Papier in Wasser auflöst. Nur dann ist es als Polsterung geeignet.

Im Zoofachhandel wird für den Nestbau spezielle Hamsterwolle angeboten. Die ist aber nicht ungefährlich. Die Winzlinge können sich darin verfangen und die Watte die Beinchen abschnüren. Das Gleiche gilt für Scharpie. Dabei handelt es sich um zerrissenen Baumwollstoff, der als Nistmaterial für Vögel erhältlich ist.

≫ **Häuschen oder Nestkugel? Dieser Zwerg kann sich aussuchen, wo er schlummern möchte.**

SELBST IST DER HAMSTER

Betätigen Sie sich nicht als Innenarchitekt. Überlassen Sie es Ihrem Zwerghamster sein Nest einzurichten. Er kann es besser, und außerdem ist es eine artgerechte Beschäftigung.

Schön kuschelig. So liebt es der Zwerghamster.

NICHT VERGESSEN

Alle Einrichtungsgegenstände, egal ob Wurzeln oder Wassernapf, sollten vor dem Erstgebrauch gründlich gereinigt werden. Was aus Wald und Flur entnommen wurde, birgt gesundheitliche Risiken (Parasiten, Erreger) und sollte mit heißem Wasser gesäubert oder kurz in der Mikrowelle erhitzt werden.

„Mobiliar" aus der Natur gründlich reinigen.

» Das Sandbad macht dem Kleinen sichtlich Spaß.

Sandbad

Ein absolutes Muss im Hamsterheim ist ein Pool – und zwar ein Sandpool. Der Zwerg liebt es darin zu baden. Und ganz nebenbei hat das Sandbad viele positive Effekte: Die Krallen werden abgewetzt und Stress abgebaut. Für die Haut- und Fellpflege ist das Planschen im Sand unerlässlich. Dabei wird Dreck regelrecht herausgekämmt. Nicht nur das feine Deckhaar wird gereinigt, sondern auch das dichtere Unterfell.

Als Badesand eignet sich vor allem staubarmer Chinchillasand, der in der Regel aus Bimsstein hergestellt wird. Achten Sie auf abgerundete Sandkörner. Sandkasten- oder Bausand sollten Sie nicht verwenden, er ist zu rau. Vogelsand ist ebenfalls ungeeignet, da er oft Stoffe enthält, die dem Hamster entweder nicht behagen (z. B. Anis) oder Verletzungen verursachen können (Muschelstückchen). Als Becken eignet sich am besten eine schwere Ton- oder Keramikschale.

Toilette

Zwerghamster sind reinliche Tiere. Die meisten haben im Käfig eine bevorzugte „Klo-Ecke". Dorthin sollten Sie eine Hamstertoilette aufstellen. Vielleicht haben Sie ja Glück, und die Toilette wird zumindest fürs Urinieren angenommen. Dass das Tier aber hier und da seinen Kot hinterlässt, wird sich wohl kaum vermeiden lassen.

Zur Motivation sollten Sie in die Toilette Streu auslegen, die mit Ausscheidungen versetzt ist. Im Handel gibt es zahlreiche Ausführungen von Hamstertoiletten. Die meisten sind so geformt, dass sie in eine Käfigecke passen. Aber Sie können natürlich auch improvisieren. Gefüllt wird das Klo mit Hamstereinstreu oder Chinchillasand. Nehmen Sie auf keinen Fall Katzenstreu.

≫ **Das Hamster-WC kommt in die bevorzugte Toilettenecke.**

Laufrad

Hier scheiden sich die Geister. Die einen halten es für eine tolle Bewegungsmöglichkeit, die anderen glauben, es führt zur Laufsucht. Das Laufrad wurde sogar wissenschaftlich untersucht. Die Universität Bern hat sich dem Problem angenommen. Sie hat in Studien herausgefunden, dass es so was wie „Laufsucht" nicht gibt.

Die Tiere nutzen das Rad, um sich Bewegung zu verschaffen. Außerdem, so die Wissenschaftler, wird damit die Gefahr verringert, dass der Hamster stereotype Verhaltensweisen zeigt. Aber: Das Laufrad ist kein Ersatz für andere Beschäftigungsangebote oder als Ausgleich für einen zu kleinen Käfig. Spielzeug und ein angemessen großer Käfig sind auch mit Laufrad ein Muss.

►LAUFRAD-ANSPRÜCHE

Ein Laufrad im Käfig schadet also nicht. Vorausgesetzt, es ist qualitativ hochwertig! Und das ist das Problem. Es sind leider noch viele mangelhafte Produkte im Handel, die für einen Hamster lebensgefährlich sein können.

Darauf sollten Sie beim Laufradkauf achten:
• Die Rückseite muss geschlossen, die Vorderseite offen sein. Auf keinen Fall ein geschlossenes Laufrad benutzen.

≫ Beim Laufrad darauf achten: Eine Seite offen und keine Sprossen, in denen der Zwerg hängen bleiben und sich verletzen kann.

- Die Lauffläche muss durchgehend sein. Keine Sprossen, es besteht die Gefahr, dass der Zwerg darin hängen bleibt und sich schwer verletzt.
- Das Rad muss einen Durchmesser von etwa 25- 30 cm haben.
- Es gibt Räder, die lassen sich an Gitterkäfigen befestigen. Rennt das aktive Kerlchen darin herum, produziert das wiederum recht viel Lärm. Besser sind frei aufstellbare Laufräder. Ist das Hamsterheim ein Terrarium oder Aquarium, haben Sie sowieso keine andere Wahl. Aber achten Sie darauf, dass das Rad eine gute Standfestigkeit hat! Damit es den Belastungen standhält, sollten Sie es entsprechend befestigen. Sie können es z. B. auf eine Steinplatte festkleben.
- Nehmen Sie wirklich nur ein Laufrad – keine Laufkugel oder sonstigen gefährlichen Schnickschnack.

▶ERFOLGSTIPP

Quietschende Laufräder sind sowohl für das menschliche als auch das tierische Gehör eine Tortur. Da hilft es, das Rad mit Speiseöl zu schmieren. Nehmen Sie kein Maschinenöl. Leckt der Nager daran, kann er sich vergiften.

Spiel und Spaß für Zwerghamster

Bieten Sie Ihrem Zwerghamster Abwechslung im Käfig. Nur schlafen und fressen – das macht Ihr Tier krank. Der Zwerghamster braucht Unterhaltung und muss beschäftigt werden. Eine artgerechte Haltung beinhaltet ausreichende Spiel- und Versteckmöglichkeiten und in Grenzen auch Kletterangebote. Schauen Sie sich mal im Baumarkt oder in der Zoohandlung um, was man als Spielzeug umfunktionieren könnte.

Wenn die Käfiggröße es zulässt, können Sie das Animationsangebot über mehrere Ebenen verteilen. Dabei sollte allerdings immer noch genügend Platz zum Laufen und Buddeln übrig bleiben. Wichtig ist, dass das verwendete Material unschädlich und sicher angebracht ist. Tauschen Sie zernagtes und beschädigtes Mobiliar aus.

» So exotisch muss es gar nicht sein. Auch einfache Verstecke werden gerne angenommen.

Verstecken

Ton- oder Metallröhren sind prima Tunnel. Auch Wurzeln, ausgehöhlte Baumstämme oder Kokosnüsse sind klasse. Diese erhalten Sie im Zoofachhandel. Abwasserrohrsysteme sind im Baumarkt erhältlich und werden gerne als Tunnel angenommen. Auch mit Kartons, Papprollen und -rohren (von Küchenrolle oder Klopapier) machen Sie Ihren Zwerghamster glücklich. Ein prima Versteck, das man auch noch anknabbern kann. Ihre alten Lederschuhe (unbehandelt) bitte nicht wegwerfen, sondern Ihrem Nager als Freizeitpark zur Verfügung stellen.

>> Kokosschalen und andere tolle Verstecke finden Sie unter anderem in der Terrarienabteilung.

Klettern

Wie bereits erwähnt, sind die meisten Zwerghamster keine begnadeten Kletterer. Sie haben dennoch Spaß daran, Stege und Brücken zu erkunden. Diese sollten natürlich sicher im Käfig angebracht sein und aus unbehandeltem Naturmaterial sein. Wichtig: Keine Sprossen. Alle Übergänge müssen durchgehend sein, da die Hamster sonst durchrutschen und mit den Beinchen hängen bleiben könnten.

Auch müssen die Etagen so angelegt werden, dass der Hamster nicht zu tief fällt, wenn er mal ausrutschen sollte. Sind Sie der stolze Halter eines Chinesischen Streifenhamsters, brauchen Sie mit Klettermöglichkeiten nicht zu geizen. Die braucht der kleine Klettermaxe unbedingt in seinem Heim.

► GUT ZU WISSEN

Darauf müssen Sie beim Spielspaß achten:

- Keine Plastiksachen. Die werden angenagt und die Kunststoffteile verschluckt.

- Spielzeug muss standfest sein. Eine seitlich liegende Keramikschüssel ist ein tolles Versteck, doch wenn Sie umkippt, ist sie eine Todesfalle.

- Keine Laufkugel. Die Belüftung ist eine Katastrophe. Noch schlimmer ist die extrem große Verletzungsgefahr, die alle Laufkugeln mit sich bringen.

Wechseln Sie die Beschäftigungsangebote öfter mal aus. Das bringt Abwechslung in den Heimtieralltag. Dafür müssen Sie nicht permanent neues Spielzeug ranschleppen. Wenn Sie alte Sachen nach ein paar Wochen wieder in den Käfig setzen, ist das für den Zwerghamster so gut wie neu. Auch neue Gerüche, z. B. ein Töpfchen mit Gras oder Moos (unbehandelt und trocken) regt das Zwerghamsternäschen an.

Beschäftigungsspiele

Spielen Sie den Hamsteranimateur. Bieten Sie Ihrem kleinen Liebling etwas Aktion. Ziemlich klasse finden Zwerghamster Labyrinthe (oben offen). Diese erinnern sie an einen Bau und sind besonders toll, wenn am Ende eine leckere Belohnung wartet. Solche Labyrinthe sind im Fachhandel erhältlich. Dieser Freizeitspaß eignet sich aufgrund der Größe besonders für den Auslaufbereich. Auch „spielen" einige Zwerghamster gerne mit bzw. auf ihrem Menschen. So ein zweibeiniger „Riesenhamster" bietet viele Versteckmöglichkeiten und riecht vertraut.

Eine weitere Beschäftigungsmöglichkeit sind Futterspiele. Dabei muss sich der Zwerghamster sein Lieblings-Leckerli verdienen. Spießen Sie es z. B. auf kleine Äste und hängen es so auf, dass der Hamster den Leckerbissen gefahrlos erreichen kann. Alternative: Verstecken Sie die Leckerei im Käfig oder Auslauf.

>> Sorgen Sie für Abwechslung!

>> Ein tolles Spielzeug – wenn die Füllung ungefährlich ist.

>> Diese Leckerei muss sich der Zwerg verdienen.

Käfigreinigung

Zwerghamster sind saubere Tiere und leben nicht gerne in einem dreckigen Zuhause. Deshalb sollten Sie einmal in der Woche einen kompletten Wohnungsputz durchführen. Dazu gehört das Auswechseln der Einstreu und das Auswaschen der Unterschale, wenn Sie einen Gitterkäfig haben. Verzichten Sie auf Reinigungs- und Desinfektionsmittel, der Geruch belästigt das feine Näschen des Zwerghamsters. Außerdem können solche Produkte schädliche Rückstände hinterlassen. Heißes Wasser und eine Bürste reichen völlig.

Sollte sich Urinstein gebildet haben, können Sie ihn notfalls mit Essigsäure entfernen. Danach müssen Sie aber gründlich den Boden abspülen. Beim großen Käfigputz werden Näpfe und Trinkflasche gesäubert. Ecken (Toilette) mit durchweichter Einstreu sollten Sie auch zwischendurch sauber machen. Dann reicht es, wenn Sie die nasse Eintreu entfernen und durch frische ersetzen. Hin und wieder sollten Sie auch die Käfiggitter bzw. Glaswände reinigen, da diese mit der Zeit verschmutzen.

REINIGUNGSPLAN

• **Täglich, spätestens nach zwei Tagen:** Durchnässte Einstreu gegen neue austauschen. Dreckiges und altes Frischfutter auswechseln. Täglich frisches Trinkwasser geben.

• **Zweimal wöchentlich oder bei Bedarf:** Dreckiges und nasses Nistmaterial entnehmen und sauberes anbieten.

• **Wöchentlich, spätestens nach zwei Wochen:** Einstreu komplett wechseln, Käfigschale und Futterutensilien sorgfältig reinigen. Bei Bedarf auch Häuschen und Verstecke.

• **Monatlich:** Gitterkäfige (Käfigoberteil) reinigen. Mit dem Säubern von Terrarium- oder Aquariumsscheiben kann man sich etwas Zeit lassen. Es ist deutlich mehr Arbeit als Gitterstäbe abzuwaschen.

Die Käfigreinigung ist stressig für den Zwerg. Während dem Großreinemachen sollten Sie ihn in seinen Auslauf setzen, falls vorhanden, oder in einen Ersatzkäfig.

Ersparen Sie dem Zwerghamster den Putzstress. Setzen Sie ihn so lange in einen Transportkäfig.

Freigang für Zwerghamster

Zwerghamster sind sehr aktive und neugierige Tierchen. Die kleinen Forscher wollen auch das Leben außerhalb ihrer Gitter kennenlernen. Gönnen Sie Ihrem Hamster täglich mindestens eine Stunde Auslauf. Begrenzen Sie den Freilauf auf einen abgesperrten Bereich. Dieser Auslauf muss unbedingt hamstersicher sein.

Um das aufgeweckte Kerlchen zu unterhalten, sollten Sie ihn im Auslauf ausreichend beschäftigen und für ungefährlichen Nagespaß sorgen. Ideal ist es, wenn Sie einen Laufraum haben oder einen geschlossenen Auslaufbereich bauen können. Lassen Sie den neugierigen Nager im Zimmer frei laufen, ist Vorsicht geboten. Hier lauern viele Gefahren. Denn so ein winziges Tierchen ist schnell in der kleinsten Ecke verschwunden und knabbert dort an Dingen, von denen er besser seine Zähnchen lassen sollte (z. B. Stromkabel).

>> Vorsicht: Verbotener Knabberspaß. Auch Kabel und Möbel werden nicht verschont.

Treffen Sie entsprechende Sicherheitsvorkehrungen, bevor Sie Ihren Zwerghamster auf „freie Pfoten" setzen:

- Kabel jeglicher Art müssen hochgelegt oder umhüllt werden.
- Elektrogeräte entfernen, Kaminfeuer und Kerzen löschen.
- Türen und Fenster schließen.
- Jeden Schritt bedächtig machen.
- Es sollte während der Auslaufzeit möglichst kein anderer ins Zimmer kommen. Der Winzling könnte abhauen oder getreten werden.
- Kein Putz- oder Gießwasser stehen lassen.
- Den Hamster nicht hoch setzen bzw. das Hochklettern verhindern (Sturzgefahr). Die Tiere können Höhe absolut nicht einschätzen, was sie nicht daran hindert, hoch hinaus zu wollen. Solche Ausflüge gehen nicht selten tödlich aus.

- Schlupfwinkel, z.B. hinter Schränken, zustellen.
- Keine unverträglichen Menschensachen rumliegen lassen, z.B. Süßigkeiten oder Zigaretten.
- Giftige Pflanzen entfernen (siehe auch Ernährung, S. 45 ff.).
- Stellen Sie zum Wohlfühlen und Einsammeln ein Schlafhäuschen und Verstecke auf.

▶ ERFOLGSTIPP

Der abenteuerlustige Zwerghamster schätzt die Freiheit und kann manchmal nur schwer überredet werden, wieder zurück in seine Wohnung zu spazieren. Locken Sie den Kleinen mit einer ganz besonderen Leckerei, das versüßt den Weg ins Hamsterheim. Auf keinen Fall das Tier jagen. Der Stress ist lebensgefährlich und schadet der Mensch-Tier-Bindung.

≫ Sichern Sie den Freilaufbereich. Der niedliche Robo kann sich in der kleinsten Ecke verstecken.

» „Draußen" gibt es so viel zu entdecken.
» Kein Fangstress. Locken Sie das Kerlchen auf die Hand.

Pflege

Fell

Zwerghamster sind sehr sauber und putzen sich regelmäßig selbst. Da müssen Sie nichts mehr machen. Wichtig: Stellen Sie dem Tier ein Sandbad mit Chinchillasand zur Verfügung (s. Seite 31).

>> **Einige Hamster lieben solche Streicheleinheiten.**

Zähne

Die Schneidezähen wachsen permanent nach. Deshalb müssen die Nager auch ständig was zum Knabbern haben. So reiben sich die Zähnchen ab. Achten Sie unbedingt auf Zahnfehlstellungen (siehe auch Krankheiten, Seite 55 ff.).

Krallen

In der Natur wetzen die Zwerghamster ihre Krallen beim Scharren oder Laufen über rauen Grund ab. In Gefangenschaft können die Krallen auch schon mal zu lang werden. Zu lange Krallen bergen aber ein Verletzungsrisiko und müssen vom Tierarzt (!) zurückgeschnitten werden. Um dem aus dem Weg zu gehen, sollten Sie auch raue Materialien in den Käfig legen. Unlasierte Tonsachen oder eine Steinplatte eignen sich hierfür.

Augen und Nase

Eventuelle Verkrustungen an Augen und Nase sollten Sie sanft und vorsichtig mit einem feuchten Tuch entfernen. Nicht reiben. Nehmen Sie für die Augen keine Kamillelösung. Das gute „Hausmittel" wirkt nicht lindernd, sondern reizt die Augen.

>> **Das Sandbad ist der Beautysalon des Zwerghamsters.**

 Knabbern ist kein Zeitvertreib, sondern lebensnotwendig. Geben Sie ungespritzte Zweige von Obstbäumen als Knabberspielzeug.

≫ Eine raue Steinplatte ist gut für die Krallen.

Urlaub

Hamster-Sitter gesucht

Ein Haustier bringt Freude, bedeutet aber auch, dass man eine Verpflichtung eingeht. Tiere dürfen nicht aus einer Laune heraus erworben werden. Die Anschaffung muss wohl überlegt sein. Zu viele Haustiere landen Jahr für Jahr im Tierheim – bestenfalls. Schlimmstenfalls landen sie auf der Straße oder in der nächsten Mülltonne.

Schauen Sie sich schon vor der Anschaffung nach einem verantwortungsvollen und tierlieben Hamster-Sitter um. Fragen Sie in der Familie oder im Freundeskreis nach, wer bereit wäre, für das Kerlchen zu sorgen, wenn Sie im Urlaub sind oder ins Krankenhaus müssen.

Informieren Sie die „Urlaubsvertretung" frühzeitig über ihre Aufgaben. Dazu gehören Ernährung, Käfigreinigung, Auslauf und Handhabung. Für alle Fälle sollten Sie ihm auch die Rufnummer Ihres Tierarztes geben. Lassen Sie Ihr Tier wenn möglich in seiner gewohnten Umgebung. Wenn Sie absolut niemanden finden, der auf Ihren Zwerghamster aufpasst, fragen Sie bei Tierheimen oder Zoofachgeschäften nach, ob diese eine Pensionsmöglichkeit anbieten. Wenn Sie den Zwerghamster in Pension geben, dann nur im eigenen Käfig. Dann hat das verängstigte Kerlchen in einer ungewohnten Umgebung wenigstens eine vertraute Behausung und bekannte Gerüche.

Zwerghamster auf Reisen

Ortwechsel mögen Zwerghamster gar nicht, das ist für die Tiere absoluter Stress. Aber wenn Sie Ihren kleinen Nager unbedingt mit in Urlaub nehmen möchten, sollten Sie darauf achten, dass der Hamster keinem Zug und keiner prallen Sonne ausgesetzt wird. Lange Fahrten in brütender Hitze sind tabu.

Am besten transportieren Sie den Zwerg samt Käfig und Zubehör. Diese Dinge brauchen Sie vor Ort ja sowieso. Um den Reisestress besser zu verkraften, sollten Sie den Käfig abdunkeln. Aber Vorsicht: Es muss noch genügend Luft zirkulieren können, sonst kann es im Käfig zu einem gefährlichen Hitzestau kommen.

≫ **Besser schriftlich. Geben Sie dem Hamstersitter einen genauen Pflegeplan.**

Verhalten

Der Dsungare ist friedlich und aufgeschlossen. Der Roborowski ist extrem scheu. Der Campbell ist ein „Rambo". Der Chinese ist besonders zutraulich. Jeder Zwerghamsterart sagt man bestimmte typische Verhaltensweisen nach. Diese mögen auch zutreffen, in vielen Fällen aber auch nicht. Denn es ist auch immer eine Frage des Charakters und der Erfahrungen, welche die Tierchen machen.

▶ LAUTSPRACHE

- **Bellen:** Der Zwerghamster ist nicht gerade gut gelaunt. Haben Sie ihn vielleicht beim Schlafen gestört?
- **Brummen, Zähneklappern, Fauchen, Schmatz- und Pfeiftöne:** Gar nicht gut. Der Zwerg ist richtig sauer.
- **Bellen, Schniefen:** Das Tierchen könnte Schmerzen haben.
- **Quieken:** Der Kleine hat Angst.

▶ KÖRPERSPRACHE

- **Auffallend langsame Bewegungen:** Er ist unsicher oder hat Angst.
- **Auf die Hinterbeine stellen:** Das dient meist der Orientierung. Manchmal auch als Drohgebärde einem anderen Zwerghamster gegenüber. Hebt er dabei ein Pfötchen, ist das ein abwehrendes Verhalten.
- **Aufgeblähte Backentaschen:** Das ist eine Drohgebärde.
- **Zurückgelegte Öhrchen:** Er ist aufmerksam.
- **Putzen:** Er fühlt sich hamsterwohl. Ist das Putzen übertrieben und hektisch, dann ist es eine Übersprungshandlung, weil er unter Stress steht. Vielleicht ist der Zwerghamster unsicher oder aufgeregt. Mit dem Putzen geht er der unangenehmen Situation erst einmal aus dem Weg.
- **Zusammenzucken:** Der Kleine hat sich ganz schön erschrocken. Haben Sie ihn vielleicht von oben gepackt?

>> Die Körpersprache zeigt's: Dieser Zwerg ist einfach nur neugierig.

Vertrauen gewinnen

Sie möchten natürlich, dass Ihr Tier zutraulich ist. Doch das sind nicht alle Zwerghamster. Einige sind sehr scheu und machen um die Menschenhand einen großen Bogen. Manchmal schafft man es aber, dass der Kleine zutraulich wird. Klappt es nicht, sollten Sie sich daran erfreuen, Ihren schlauen Nager bei seinem Treiben zu beobachten. Das macht auch Spaß und stresst das Tierchen nicht

Widerspenstige Zähmung

Schön, wenn Ihr Zwerghamster schon nach kurzer Zeit zutraulich und handzahm ist. Doch es gibt auch Ausnahmen. Besonders scheue Exemplare machen es dem Menschen nicht leicht, eine Verbindung aufzubauen. Jetzt liegt es an Ihnen, die Kluft zwischen Zweibeiner und Vierbeiner zu überbrücken. Ihre Mittel: Geduld, Liebe und Zeit.

Ein Zwerghamster kann aus den unterschiedlichsten Gründen zurückhaltend sein oder werden. Vielleicht hatte er während der wichtigen Aufzuchtphase keinen Kontakt zu Menschen. Vielleicht beschäftigen Sie

sich auch nicht ausreichend mit dem Nager. Behandeln Sie Ihren scheuen Zwerghamster mit respektvollem Feingefühl. Zwingen Sie ihm nicht Ihre Liebe und Zuwendung auf. Der Hamster muss den ersten Schritt machen. Am besten wiederholen Sie die ersten Punkte, die wir bereits im Kapitel „Willkommen im neuen Zuhause" dargestellt haben. Das wäre kurz zusammengefasst: Reden, Hand rein halten, Leckerli anbieten, den Hamster kommen lassen, behutsam den Körperkontakt suchen.

▶ ERFOLGSTIPP

Futter schafft Bindung: Will der Zwerghamster partout nichts von Ihnen wissen, können Sie das über die Futtergabe ändern. Kürzen Sie die Essensration. Der Kleine wird ab jetzt hauptsächlich aus Ihrer Hand gefüttert. Nach spätestens zwei Wochen sollte sich das Blatt wenden. Dann kann der Zwerg wieder normal gefüttert werden. Auch danach müssen Sie ihm hier und da mal einen Leckerbissen von Hand anbieten.

Vorsicht: Sollte der Trick ausnahmsweise nicht funktionieren, muss das Tier wieder normal gefüttert werden. Sie wollen ja nicht, dass das Kerlchen verhungert.

» Geschafft. Der Zwerghamster lässt sich in die Hand nehmen.

Ernährung

Ernährungsgrundsätze

Zwerghamster sind „Dreiviertel-Vegetarier". Sie ernähren sich überwiegend vegetarisch, doch hier und da brauchen sie auch tierisches Eiweiß. Achten Sie auf eine abwechslungsreiche und ausgewogene Ernährung. Das heißt, eine vernünftige Kombination aus Körner-, Frisch-, Nage- und Beifutter. Natürlich dürfen auch kleine Leckereien nicht fehlen. Wichtig: Das Futter darf nicht verschimmelt, verdorben oder nass sein.

Es reicht, wenn Sie das Tier nur einmal täglich, am besten zu einem festen Zeitpunkt, füttern. Bei der Menge müssen Sie sich nach Erfahrungswerten richten. Geben Sie nur so viel, dass am nächsten Tag nur noch wenig übrig ist. Dann sind die Rationen ideal. Hier kann man sich aber schnell vertun. Einige Halter steigern die Portionen, weil alles weggefuttert ist. Dabei hat der Kleine das Futter irgendwo gehamstert.

Also: Die Verstecke kontrollieren, ob sich da nicht noch was Essbares findet. Sind die Futterreste gammelig, müssen sie natürlich entsorgt werden.

Trockenfutter

Das Trockenfutter ist der Hauptbestandteil der Ernährung. Die Auswahl an Trockenfutter für Zwerghamster ist bescheiden. Lassen Sie sich im Fachhandel beraten. Setzen Sie dem Zwerghamster keinesfalls Trockenfutter vor, das für andere Nager wie Kaninchen oder Meerschweinchen bestimmt ist. Diese reinen Vegetarier haben andere Ansprüche an ihre Nahrung. Planen Sie pro Tier und Tag etwa einen Esslöffel Trockenfutter ein. Achten Sie aber darauf, dass es nicht irgendwo im Käfig für schlechte Zeiten gehortet wird. Sie können natürlich auch normales Getreide beifüttern. Sie müssen nur unbedingt darauf achten, dass es nicht schimmelig oder feucht ist.

> **Futter schon weg?**
> Schauen Sie mal in den
> Verstecken nach.

» Geben Sie nur hamstergeeignetes Trockenfutter.

Heu

Diese Rohfaser sorgt für eine reibungslose Verdauung. Außerdem hat Heu kaum Kalorien und kann daher auch rund um die Uhr verfüttert werden. Ideal ist dafür eine Heuraufe, so bleibt es sauber. Etwas Heu sollten Sie aber auch zur freien Verfügung bereitstellen. Das Kerlchen verwendet es gerne für den Nestbau und zum Wühlen. Heu erhalten Sie in der Zoohandlung oder direkt beim Bauern. Vielleicht haben Sie aber auch Lust, Ihr eigenes Heu zu machen. Sammeln Sie dafür ungespritzte Gräser und Kräuter. Diese breiten Sie an einem trockenen Platz aus und wenden es regelmäßig. Wichtig ist, dass das Heu trocken ist.

Heu schmeckt gut und ist tolles Nistmaterial. »

► EINGESCHLEPPT

Vorsicht vor Schädlingen im Heimtierfutter. Gerade Mehlmotten bzw. ihre Maden finden sich hier und da mal in Trockenfutterpackungen. Diese Schädlinge befallen auch andere Lebensmittel. Wenn sie sich erst mal verbreitet haben, wird man sie nur schwer wieder los. Füllen Sie gleich nach dem Kauf Ihr abgepacktes Trockenfutter in einen verschlossenen Behälter um und untersuchen es dabei nach Schädlingen.

Frischfutter

Natürlich gehört auch Frischfutter auf den Speiseplan. Beim Salat dürfen Sie es nicht übertreiben, denn Blattsalat ist sehr nitrathaltig, vor allem Kopfsalat. Besser Sie beschränken sich hier auf den weniger belasteten Endivien-, Feld- oder Eisbergsalat. Ein Stückchen (kein großes Blatt) Salat pro Tag reicht. Auf Kohl sollten Sie jedoch weitgehend verzichten, er führt zu Blähungen. In geringen Maßen können Sie Ihrem Zwerg jedoch Kohlrabi oder Brokkoli geben. Hülsenfrüchte nur getrocknet verfüttern, sonst bekommt Ihr Zwerghamster Blähungen. An Gemüse können Sie Tomaten (ohne Grün und Kerne, da giftig), Gurken, Steckrüben, Möhren oder gelbe Paprika anbieten. Sehr safthaltiges Futter geben Sie in kleinen Mengen.

Beliebte Obstsorten sind unter anderem entkernte Äpfel und Melonen, Erdbeeren oder getrocknete Bananen. Ungeschwefeltes Trockenobst sollte nur als Leckerbissen gereicht werden. Steinobst und Exoten, wie beispielsweise Papaya oder Granatapfel, sollten Sie nicht verfüttern. Zitrusfrüchte wie Mandarinen oder Kiwi dürfen aufgrund der Säure nur in sehr kleinen Mengen verfüttert werden, Zitrone allerdings überhaupt nicht.

Wichtig: Geben Sie dem Zwerghamster nur ungespritztes Obst und Gemüse. Frischfutter aus biologischem Anbau oder aus dem eigenen Garten wäre ideal. Obst wird nicht regelmäßig angeboten, sondern nur als Beifutter.

Wenn Sie gerne selber sammeln, sollten Sie keine Pflanzen pflücken, die direkt neben einer viel befahrenen Straße wachsen. Diese sind mit Autoabgasrückständen belastet. Verwenden Sie nur Pflanzen, von denen Sie genau wissen, dass sie ungiftig sind. Wie bei allen Futtersorten muss auch beim Frischfutter darauf geachtet werden, dass es trocken ist.

≫ **Grünfutter muss frisch und trocken sein.**

ZUCKERGEFAHR

Chinesische Streifenhamster erkranken schnell an Diabetes. Diese Eigenschaft hat sie bei Laborversuchen so „begehrt" gemacht. Für den Halter bedeutet das, dass er sich bei süßen Leckereien zurückhalten muss. Achten Sie darauf, dass keine Zuckerzusätze im Futter enthalten sind und süßes Obst nur selten auf dem Speiseplan steht.

Chinesische Streifenhamster dürfen nicht zu viel naschen. Sie neigen zu Diabetes.

Beifutter

Hin und wieder darf der Zwerghamster auch mal naschen. Die Leckereien werden ihm als Beifutter angeboten. Sie sollten für den Zwerg etwas Besonderes bleiben und werden nicht täglich verfüttert. Sehr beliebt sind Wal- und Haselnüsse. Da sie sehr fetthaltig sind, reicht Ihrem Hamster eine Nuss pro Woche. Die in Fertigmischungen enthaltenen Sonnenblumenkerne sollten herausgepickt und ebenfalls sparsam als Leckerchen gegeben werden. Der Zwerghams-

ter ist kein Vegetarier. Er braucht tierisches Eiweiß. Entsprechend müssen Sie seinen Speiseplan gestalten. Ihr Zwerghamster freut sich über Mehlwürmer, gefriergetrocknete Bachflohkrebse, Grillen, Heimchen oder Weiße Mückenlarven. Sie erhalten dieses Lebendfutter im Zoofachhandel. Verfüttern können Sie es mit den Fingern oder mit Hilfe einer Pinzette. Zwei bis vier Futtertiere reichen Ihrem Hamster in der Woche absolut. Achten Sie darauf, dass er das Lebendfutter nicht versteckt, da es schnell verdirbt. Notfalls können Sie auch eine Miniportion rohes und frisches Rinderhack oder gekochtes Hühnerfleisch servieren. Alternativ zum Lebendfutter sind Joghurt, Magerquark, Hüttenkäse oder milder Käse ausgezeichnete Eiweißlieferanten. Geben Sie dem Nager davon alle zwei bis drei Tage einen Teelöffel.

Nagefutter

Hamster sind Nagetiere und brauchen zur Beschäftigung und zum Zahnabrieb Knabbermaterial. Ungespritzte Zweige von Obstbäumen und einigen Laubbäumen (Haselnuss, Buche) eignen sich dafür hervorragend. Auch hartes, trockenes und nicht verschimmeltes Brot wird gerne genommen ebenso Hirsestangen. Sie können Ihrem Zwerg auch ab und zu mal einen harten Hundekuchen anbieten, sofern er zuckerfrei ist. So kann er knabbern und erhält gleichzeitig Eiweiß.

≫ Eiweißsnack: Quark ist lecker und gesund.

FOLGENDE PFLANZEN, OBST- UND GEMÜSESORTEN SIND GIFTIG ODER SCHÄDLICH

Agaven, Aloe, Alpenveilchen, Amaryllis, Azalee, Berglorbeer, Besenginster, Blasenstrauch, Buchsbaum, Christrose, Chrysantheme, Efeu, Eibe, Eisenhut, Engelstrompete, Essigbaum, Farne, Fingerhut, Geranie, Goldregen, Hahnenfuß, Hartriegel, Heckenkirsche, Herbstzeitlose, Hortensie, Hyazinthe, Hülsenfrüchte (roh), Ilex (Stechpalme), Immergrün, Jelängerjelieber, Kalla, Kirschlorbeer, Kartoffellaub –und triebe, Krokus, Lavendelheide, Lebensbaum (Thuja), Liguster, Lorbeer, Lupinen, Maiglöckchen, Märzenbecher, Mahonie, Meerzwiebel, Mistel, Mohn, Narzissen, Oleander, Passionsblume, Pfaffenhut, Porzellanblume, Primel, Pilze (giftige), Rhabarber, Rizinus, Rhododendron, Rittersporn, Sadebaum, Schneebeere, Schneeglöckchen, schwarzer Nachtschatten, Seidelbast, Sommerflieder, Stechapfel, Tollkirsche, Tomatenlaub, Wachholder, Weihnachtsstern, Zwergholunder

INFOBOX

Was Sie bei der Ernährung beachten müssen.
- Die Ernährung muss ausgewogen sein.
- Genügend Knabbermaterial zur Verfügung stellen.
- Immer frisches Wasser bereitstellen.
- Salzstein anbringen, damit der Zwerghamster einen eventuellen Mineral- und Salzmangel ausgleichen kann.
- Der Nager darf kein kaltes Futter fressen, wie z.B. Obst und Gemüse, dass kurz vorher noch im Kühlschrank lag. Im Winter dürfen keine kalten, gefrorenen Äste verfüttert werden.
- Geben Sie kein verdrecktes, verschimmeltes oder feuchtes Futter (gilt für alle Futtersorten).
- Nicht gefressenes Frischfutter nach ein paar Stunden aus dem Käfig entfernen. Schauen Sie auch in den Verstecken nach, ob der Kleine dort etwas gebunkert hat.
- Nur artgerechte Nahrung anbieten. „Zweibeiner-Nahrung", wie z.B. Schokolade oder Kuchen ist tabu. Milch, auch verdünnt, ruft schweren Durchfall hervor.

≫ Immer für Knabberzeug sorgen.

Anatomie

Körperbau

Zwerghamster haben eher eine rundliche Form. Manche sagen auch sie sind walzenförmig. Das ist zwar eine korrekte Bezeichnung, hört sich aber irgendwie abwertend an. Der Roborowski Zwerghamster ist, wie bereits erwähnt, sehr zart und klein. Der Campbell etwas rundlicher als der Dsungare. Der Chinesische Streifenhamster hat einen länger gestreckten Körper als seine kurzschwänzigen Kumpels. Er wirkt dadurch etwas mausartiger. Die Beinchen der Zwerghamster sind kurz und gehen ein wenig bei der „Körpermasse" unter. Die Sohlen der hier erwähnten Zwerghamsterarten sind behaart.

Ausnahme: Der Chinesische Streifenhamster hat blanke Sohlen. Er ist daher auch der einzige, der gut klettern kann.

≫ **Von wegen walzenförmig.
Der Kleine hat doch eine Top-Figur.**

Backentaschen

Sie sind wirklich ein Erkennungsmerkmal der süßen Nager. Hier ist der Name Programm. Denn der Hamster benutzt seine Backen wirklich als Tasche. Damit

≫ **Au Backe. Ob da noch was reinpasst?**

sammelt und transportiert er seine Nahrung. Die Backentaschen reichen von der Mundhöhle bis zu den Schultern. Da passt einiges rein. Will der Hamster sie leeren, streicht er mit den Pfötchen von vorne nach hinten entlang der Backentaschen.

▶ **INFOBOX**

Der Maushamster muss als einziger Hamster ohne Backentaschen auskommen.

Zähne

Alle Hamster sind Nagetiere. Auffällig sind die permanent nachwachsenden Schneidezähne. Neben den vier Schneidezähnen hat der Nager noch zwölf Backenzähne, die jedoch nicht nachwachsen. Die Tiere benötigen ständig Knabbermaterial, um für einen gleichmäßigen Zahnabrieb zu sorgen.

➤ **Aufrechte Öhrchen.**
Der Kleine ist gerade sehr aufmerksam.

Augen

Zwerghamster besitzen keine hoch entwickelte Seh-
fähigkeit. Ihre Augen sitzen seitlich am Kopf. Jedes
Auge kann unabhängig von dem anderen sehen.
Hamster haben zwar ein weites Gesichtsfeld, können
nah aber nur verschwommen sehen. Sie können weder
Entfernung, noch Höhe richtig einschätzen. Dafür
jedoch finden sie sich in der Dämmerung gut zurecht.
Die meisten Heimtierhamster haben dunkelbraune
Knopfaugen, allerdings gibt es auch Exemplare mit
roten Augen (Albinos). Diese Tiere leiden häufig unter
Sehstörungen. Da Albinos keine Netzhautpigmen-
tierung besitzen, reagieren sie sehr empfindlich auf
helles Licht. Werden sie über ein paar Stunden einer
starken Lichtquelle ausgesetzt, führt das zu irrepara-
blen Schäden an der Netzhaut.

» **Zwerghamster-Augen sind für Dämmerung und
Nacht geschaffen. Setzen Sie Ihre Zwerghamster
nicht zu grellem Licht aus.**

Ohren

Die trichterförmigen Öhrchen sind behaart. Das schützt davor, dass beim Buddeln Sand und Erde in den Gehörgang eindringt. Die Ohren können eine beachtliche Leistung vollbringen. Sie vernehmen selbst ganz leise Geräusche. Man vermutet, dass sie sogar Töne im Ultraschallbereich wahrnehmen, diese können wir Menschen gar nicht mehr hören. Auch Tonlagen können die Nager gut wahrnehmen und unterscheiden. Sie erkennen sehr schnell die Stimme „ihres" Zweibeiners. Die Ohren sind sehr beweglich und können in verschiedene Richtungen geschwenkt werden. Wenn sie schlafen wollen und Ruhe brauchen, werden die Öhrchen einfach zusammengeklappt und angelegt.

Nase

Hamster haben ein feines Näschen. Schließlich leben sie in einer Welt der Düfte. Jedes Tier besitzt einen unverwechselbaren Geruch. Am Duft erkennen Sie Freund, Feind, Familie, potentielle Geschlechtspartner und Krankheiten. Zwerghamster markieren ihr Revier mit Duftmarken, Urin und Kot. So wissen Rivalen gleich, was Sache ist. Die Duftmarken werden über Drüsen abgesondert, die in den Flanken sitzen.

Tasthaare

Die Tasthaare der Zwerghamster (Vibrissen) sind mit sensiblen Nerven ausgestattet und dienen der Orientierung. Die Vibrissen sitzen nicht nur am Kopf, sondern auch an Körper und Beinen. Mit den hoch empfindlichen Tasthaaren können die Tiere kleinste Luftbewegungen registrieren und Hindernisse erkennen. In der Wildnis ist diese Fähigkeit fürs Überleben wichtig. Stoßen sie in einem schmalen Bau mit ihren Sinneshaaren an die Wände, wissen die Hamster, dass der Gang zu eng für sie ist. Würden sie stecken bleiben, wäre sie eine leichte Beute für Räuber.

>> **Wenn die Tasthaare durchpassen, passt auch der Rest.**

Gesundheit

Gesundheitsvorsorge

Natürlich wünschen wir uns, dass der quirlige Hausgenosse gesund bleibt. Doch Krankheiten und Verletzungen lassen sich nicht immer vermeiden. Aber Sie können das Erkrankungsrisiko senken – mit einer artgerechten Gesundheitsvorsorge.

Richtige Ernährung: Bieten Sie Ihrem Zwerghamster nur artgerechte Nahrung an. Essensreste oder Süßigkeiten sind tabu. Geben Sie dem Nager kein verschimmeltes, verdorbenes oder feuchtes Futter.

Knabbern rund um die Uhr: Die Schneidezähne des niedlichen Nagers wachsen bis ans Lebensende. Deshalb ist artgerechtes Knabbermaterial ein tägliches Muss! Das verhindert schmerzhafte Gebisserkrankungen. Zur Sicherheit sollten Sie regelmäßig die Zähne kontrollieren, vor allem wenn Sie ein verändertes Fressverhalten beobachten.

Hygiene: Reinigen Sie regelmäßig das Hamsterheim. Unsauberkeit kann Erkrankungen verursachen und erleichtert die Ausbreitung von Krankheitserregern.

>> Holen Sie ein Zuviel an fetten Kernen, Nüssen und Joghurtdrops aus der Futtermischung heraus. Diese geben Sie nur als Leckerchen und nicht täglich.

Wann muss mein Zwerghamster zum Arzt?

Es gibt viele Erkrankungen, die für uns Menschen augenscheinlich sind. Dazu gehören Bisswunden und Durchfall. Darauf können Sie sofort reagieren. Doch viele Krankheiten lassen sich nicht auf den ersten Blick erkennen. Hier hilft nur eins: Beobachten Sie Ihr Tier aufmerksam. Bei Auffälligkeiten wie verändertes Haarkleid, Aussehen und Verhalten sollten Sie umgehend den Tierarzt aufsuchen. Warten Sie nicht zu lange. Die zarten Tierchen haben keine großen Reserven. Der nächste Tag kann schon zu spät sein.

▶ KRANKHEITSSIGNALE

- Teilnahmslosigkeit, Appetitlosigkeit, Gewichtsverlust
- plötzlich verändertes Verhalten
- zusammengekauerte, erstarrte Sitzposition
- Speicheln in Kombination mit Appetitlosigkeit
- stumpfes, struppiges Fell
- Haarausfall, kahle Stellen
- Entzündungen an Augen, Ohren
- Schnupfen
- Durchfall (verschmierte Afterregion)
- Verstopfung (geringe Kotabsetzung)
- Zittern, Krämpfe
- röchelnde, rasselnde Atmung
- Beulen, Knoten
- harter, aufgeblähter Bauch

Krankheiten

Magendarmerkrankungen

Sehr häufig verursachen Ernährungsfehler Magendarmerkrankungen. Das gilt insbesondere für Durchfall. Ausgelöst werden die Beschwerden oft durch nicht artgerechte Ernährung. Aber auch Stress oder eine Salmonelleninfektion kann Durchfall verursachen. Geben Sie dem kranken Zwerghamster nur Körnerfutter und Zwieback. Lassen Sie das Frischfutter weg, bis der Kot wieder fest ist. Achten Sie darauf, dass der kranke Nager trinkt, damit er nicht austrocknet. Hält der Durchfall an, müssen Sie mit dem Zwerghamster zum Tierarzt.

Ein harter aufgeblähter Magen in Kombination mit Appetitlosigkeit deutet auf eine Kolik hin. Der Zwerg sollte dann vom Tierarzt untersucht werden.

≫ Ein apathischer Zwerghamster ist meist nicht gesund.

>> **Wer seinen kleinen Freund gut pflegt, dem fallen erste Erkältungszeichen schnell auf.**

Erkältung

Fließschnupfen und häufiges Niesen deuten auf eine Erkältung hin. Doch Vorsicht: Eine „harmlose" Erkältung kann sich schnell zu einer lebensgefährlichen Lungenentzündung auswachsen. Rasselndes, knackendes Atmen deutet auf eine fortgeschrittene Erkrankung hin. Sie sollten sofort den Tierarzt aufsuchen. Vorsichtsmaßnahme: Das Tier darf keinem Zug ausgesetzt werden!

Augenentzündungen

Augenentzündungen können durch Zug, Erreger und Verletzungen hervorgerufen werden. Auch die Streu führt häufig zu Reizungen, die sich schnell verschlimmern können. Hören die Beschwerden nicht auf, sollten Sie sich vom Tierarzt eine Augensalbe verordnen lassen. Nach ein paar Tagen müsste die Entzündung dann abgeklungen sein. Auf keinen Fall mit Kamillentee oder -lösung auswaschen. Das reizt das Auge nur noch mehr.

Vorsicht: Ihr Zwerghamster könnte bei den gleichen Symptomen an einer Keratokonjunktivitis leiden. Es kommt zusätzlich zu einer starken Austrocknung des Auges. Diese Augenkrankheit muss vom Tierarzt behandelt werden, sonst droht der Verlust des Auges.

Parasiten

Es gibt einige Parasiten, die Ihren Zwerghamster zum Fressen gern haben. Dazu gehören Flöhe, Läuse, Milben und Haarlinge. Flöhe sind bei Hamstern eher selten zu finden. Doch wenn im Haushalt noch Hund, Katze oder Kaninchen leben, besteht die Gefahr eines Befalls.

Eine Infektion mit Parasiten zeigt sich in heftigem und anhaltendem Juckreiz. Das Fell wird glanzlos, struppig, es kann zu Haarausfall kommen. Der Zwerghamster ist unruhig und kratzt sich, manchmal sogar blutig. Parasiten sind keine Lappalie, sondern eine ernst zu nehmende Krankheit, die vom Tierarzt mit einem Insektizid behandelt werden muss. Dabei ist es wichtig, dass Sie den Anordnungen des Arztes Folge leisten. Die Präparate sind giftig und dürfen nur äußerlich angewandt werden.

▶ WINZIGE BLUTSAUGER

Einige Parasiten lassen sich auch mit bloßem Auge oder unter einer Lupe erkennen. Abhängig von der Fellfarbe ist das mal leichter, mal schwieriger. Denn Läuse und Flöhe sind dunkel, Haarlinge sind weiß. Milben werden Sie aber selbst mit Vergrößerungsglas nicht entdecken, diese Parasiten sind für uns nicht sichtbar.

≫ Parasiten lassen sich oft mit bloßem Auge erkennen.

▶ ERFOLGSTIPP

Gewichtsverlust ist ein Krankheitssymptom. Für den Halter ist es aber nicht leicht, zu erkennen, ob so ein zierliches Tierchen abgenommen hat. Deshalb sollten Sie Ihren Zwerghamster regelmäßig wiegen und das Gewicht notieren. Bei auffälligem Gewichtsverlust müssen Sie den Tierarzt aufsuchen.

Wiegen Sie den Zwerghamster regelmäßig, und notieren Sie das Gewicht.

Probleme beim Entleeren der Backentaschen

Wenn Ihnen auffällt, dass Ihr Zwerghamster permanent mit vollen Backentaschen herumrennt, stimmt was nicht. Kann der Nager die Taschen nicht mehr entleeren, müssen sie mit dem Kleinen zum Tierarzt. Es gibt Tiere, die können Ihre Taschen nicht entleeren, weil diese verstopft sind. Das kann schnell passieren, wenn sie etwas Klebriges fressen (z. B. Süßigkeiten). Möglich wäre auch, dass sie Probleme mit den Zähnen haben oder an einer Backentaschenentzündung leiden. Ist Letzteres der Fall, leert der Tierarzt die Taschen und spült sie mit einem Antibiotikum aus.

Nassschwanzkrankheit

Die Krankheit betrifft vor allem Jungtiere bis zum zweiten Lebensmonat. Symptome sind ein durchnässter Schwanzbereich und Durchfall. Es kann zu einem Mastdarmvorfall kommen. Ausgelöst werden die Beschwerden meist durch Stress (Trennung von der Mutter, neue Umgebung etc.), die sich auf die Darmflora auswirkt. Bakterien haben leichtes Spiel, und es bildet sich eine Kolibazillose. Zeigt Ihr Zwerghamster Anzeichen der Nassschwanzkrankheit, müssen Sie umgehend den Tierarzt aufsuchen. Es ist möglich, dass Ihr Tier sonst innerhalb von 48 Stunden an den Folgen stirbt.

≫ Behalten Sie die Backentaschen Ihres Hamsters im Auge. Werden sie regelmäßig entleert?

Tumore

Leider bilden Hamster häufig Tumore aus, sie können sowohl gut- als auch bösartig sein. Die Geschwülste können überall am Tier auftreten, auch an den Backentaschen. Die Tumore lassen sich zunächst als kleiner Knoten ertasten und nehmen dann schnell an Größe zu.

Ob solch eine Gewebeveränderung entfernt werden soll, muss der Tierarzt entscheiden. Das Operationsrisiko ist abhängig vom Allgemeinheitszustand und Alter des Tieres.

Speichelkrankheit

Diese Virusinfektion wird auch als „Hamstermumps" bezeichnet. Es kann zu Lähmungserscheinungen kommen. Die Infektion ist nicht direkt behandelbar, aber der Tierarzt kann das Immunsystem des Kleinen aufbauen.

Pilzerkrankungen (Mykosen)

Mykosen sind Zoonosen: Zwerghamster können an Pilzinfektionen erkranken, die auch für den Menschen ansteckend sein können – und umgekehrt. Solch eine Pilzinfektion zeigt sich beim Tier zunächst im Kopfbereich (Nase, Augen, Ohren) und an den Beinen. Im weiteren Verlauf breitet sich der Pilz auf dem Körper aus.

Die betroffene Haut wird schuppig, der Zwerghamster kratzt sich vermehrt, an den betroffenen Stellen fallen die Haare aus. Bei Verdacht sollten Sie gleich den Tierarzt aufsuchen. Desinfizieren Sie Ihre Hände nach jedem Kontakt mit dem Tier und seinem Zubehör (z.B. Futternapf, Trinkflasche)!

Hitzschlag

Hamster können nicht schwitzen und überhitzen sehr schnell. Sind sie lange hohen Temperaturen bzw. praller Sonne ausgesetzt, besteht die Gefahr eines Hitzschlags. Anzeichen dafür sind Apathie, Zittern und schnelle Atmung. Das Tier muss sofort in den Schatten gebracht und mit leicht feuchten (nicht nassen) Handtüchern abgekühlt werden. Bringen Sie den Zwerghamster sofort zum Tierarzt.

Zahnerkrankungen

Die Schneidezähne der Zwerghamster wachsen ein Leben lang. Deshalb müssen sie auch immer was zu knabbern haben, damit schleifen sie ihre Beißerchen ab. Dieser Abrieb entsteht durch mahlende Kaubewegungen aller Zähne. Dabei ist nicht die Härte des Futters entscheidend, sondern die Zeit, die das Tier zum Kauen benötigt. Umso länger es knabbern muss, umso besser ist der Zahnabrieb.

Ernsthafte Probleme mit überlangen Zähnen können auftreten, wenn das Tier zu wenig nagergerechte Nahrung erhält, oder wenn es aufgrund einer Erkrankung zu wenig frisst. Ein zahnkranker Zwerghamster frisst deutlich weniger, weil er Schmerzen hat. Er magert ab und kann schlimmstenfalls verhungern.

Überlange Schneidezähne müssen vom Tierarzt behandelt werden. Der Arzt schleift die Zähne ab. Kontrollieren Sie bei Ihrem Nager regelmäßig die Zahnstellung. Wichtig: Eine angeborene Zahnfehlstellung wird immer wieder zu Zahnproblemen führen. Ihnen bleibt nichts anderes übrig, als Ihren Hamster regelmäßig behandeln zu lassen.

Diabetes

An Zucker leiden vorwiegend Zwerghamster, andere Hamsterrassen sind seltener betroffen. Vor allem der Campbell Zwerghamster und der Chinesische Streifen-

>> **Nicht zu viel Obst verfüttern. Der Zucker kann Diabetes verursachen.**

hamster neigen zu Diabetes. Mögliche Symptome: Das Tierchen trinkt auffällig viel und scheidet entsprechend viel Urin aus. Dieser ist im Geruch auffallend, oft süßlich oder scharf.

Und obwohl der Zwerg mehr frisst, verliert er an Gewicht. Der Nager ist noch aufgedrehter. Es können Folgeerkrankungen wie grauer Star (Linsentrübung) und Harnwegs- oder Blaseninfektionen auftreten. Bei Diabetes-Symptomen müssen Sie den Tierarzt aufsuchen. Diabetes ist zwar nicht heilbar und wirkt sich ungünstig auf die Lebenserwartung aus, aber mit der richtigen Therapie kann das Tier auch die verkürzte Zeit glücklich verbringen.

Bisswunden

Kleinere Wunden können Sie selbst behandeln. Reinigen Sie die Verletzung mit einem Desinfektionsmittel. Eine Wund- und Heilsalbe kann zwar aufgetragen werden, wird aber unter Umständen vom Zwerg-

hamster wieder abgeleckt. Eitrige Entzündungen und stark blutende Wunden müssen natürlich vom Tierarzt behandelt werden.

► KRANKENPFLEGE

- Halten Sie sich an die ärztlichen Anordnungen.
- Vorsicht mit Hausmittelchen. Vor der Anwendung sollten Sie besser Rücksprache mit dem Tierarzt halten.
- Es gibt für bestimmte Erkrankungen wirkungsvolle alternative Heilverfahren, sprechen Sie Ihren Tierarzt darauf an.
- Lassen Sie den kranken Zwerghamster unbedingt in Ruhe. Erklären Sie Ihren Kindern, dass der Kleine krank ist, und dass sie ihn eine Zeit lang nicht stören dürfen.

>> So harmonisch geht es nicht immer zu. Rangeleien enden oft mit Bisswunden.

▶ NOTFALLAPOTHEKE

- Desinfektionsmittel
- blutstillende Clauden-Watte
- Mullbinde
- Bird-Bene-Bac oder Vertinal beruhigen die Darmflora bei heftigem Durchfall (Anwendung nur nach Rücksprache mit dem Tierarzt)
- Wund- und Heilsalbe
- Einwegspritzen ohne Nadel zum Verabreichen von Medikamenten sowie Wasser und Futterbrei bei geschwächten Tieren
- Rufnummer von Tierarzt oder tierärztlichem Notdienst (außerhalb der Sprechstunden) griffbereit halten

Der endgültige Abschied

Jeder Hamsterhalter weiß, dass sein Liebling nicht für immer lebt. Schön, wenn das Tier ein gesundes Leben hatte und friedlich einschläft. Doch leider ist das nicht immer der Fall. Wenn Ihr Zwerghamster offensichtlich leidet, sollten Sie das arme Kerlchen einschläfern lassen. Eine schwere Entscheidung, die Sie aber aus Liebe treffen sollten.

Kleine Heimtiere, wie Meerschweinchen, Hamster, Zwergkaninchen und Ratten, können im heimischen Garten begraben werden. Sie fallen nicht unter das Tierbeseitigungsgesetz. Voraussetzung ist, dass das Tier mindestens mit einer 50 cm dicken Erdschicht bedeckt ist, und dass es nicht auf öffentlichen Plätzen, Anlagen oder in einem Wasserschutzgebiet vergraben wird. Sie können den Zwerghamster auch dem Tierarzt überlassen. Er wird das Nötige veranlassen.

≫ **Eine Einwegspritze hilft beim Verabreichen von Medikamenten oder Futterbrei.**

Zucht

Überlegungen vor der Zucht

Zwerghamsterbabys sind süß, keine Frage. Aber sie müssen auch irgendwo untergebracht werden. Es gibt bereits genügend ungewollten Zwerghamsternachwuchs.

Wenn Sie aber unbedingt züchten möchten, sollten Sie Folgendes bedenken: Suchen Sie bereits vor dem Wurf Abnehmer. Rechnen Sie dabei mit bis zu acht Jungen, auch wenn es nachher nur zwei oder drei sind. Verpaaren Sie nur Tiere, die gesund und nicht nah miteinander verwandt sind. Auch genetische Eigenheiten (z. B. Albinismus) müssen bedacht werden. Wenn Sie eine Hobbyzucht anstreben, sollten Sie sich vorher mit erfahrenen Profis in Verbindung setzen, die Ihnen erklären, worauf Sie bei der Zucht von reinrassigen Zwerghamstern achten müssen.

Die Deckung

Zwerghamster werden etwa mit vier bis fünf Wochen geschlechtsreif. Lassen Sie ein Weibchen aber auf keinen Fall so jung decken, es ist für das Tier lebensgefährlich. Das Weibchen sollte beim ersten Wurf nicht jünger als vier Monate und nicht älter als ein Jahr sein. Denken Sie daran: Jede Trächtigkeit stresst das Tier und verkürzt die Lebenserwartung. Ein weiblicher Zwerghamster ist alle vier Tage paarungsbereit. Die Nagerdame ist dann ruhiger und hebt das Hinterteil ein wenig an, wenn das Männchen in der Nähe ist. Das Männchen sollte nach dem Akt wieder entfernt werden. Es ist sonst möglich, dass er das Weibchen noch mal deckt und diese zwei Würfe kurz hintereinander hat. Das kann für das Muttertier eine lebensgefährliche Strapaze sein.

≫ Süße Bande. Sorgen Sie aber schon vor dem Wurf für Abnehmer.

ZÄNKISCHE ZWERGE

Männchen und Weibchen müssen sich nicht automatisch verstehen. Auch unter den Geschlechtern kann es zu heftigen Auseinandersetzungen kommen. Wenn Sie bemerken, dass aus dem Liebesakt ein Kampfakt wird, müssen Sie die Zankzwerge sofort trennen.

Geburt

Das trächtige Weibchen wird jetzt für zwei futtern und benötigt besonders eiweißreiche Nahrung. Sie wird höchstwahrscheinlich auch mehr Fressen als sonst in ihren Verstecken bunkern. Lassen Sie die werdende Mama am besten in Ruhe, und nehmen Sie sie nicht hoch. Kurz vor der Niederkunft kümmert sich

≫ Natürliche Auslese: Kranke Jungtiere werden von der Mutter getötet.

das Weibchen verstärkt um den Nestbau. Sorgen Sie dafür, dass ihr genügend weiches Material zur Verfügung steht. Nehmen Sie keine Hamsterwatte, die Kleinen könnten darin hängen bleiben und sich schwer verletzen.

Die Tragezeit liegt etwa zwischen 18 und 22 Tagen. Die Zwerghamsterbabys kommen meist nachts zu Welt. Als Nesthocker sind sie nackt, blind und taub. Die Mutter leckt die Kleinen ab und beißt die Nabelschnur durch. Dabei piepsen die Jungen. Ein Jungtier, das kein Geräusch von sich gibt, ist vermutlich krank und wird von der Mutter tot gebissen. Das ist ein normales Ausleseverhalten und sichert das Überleben der Art. Die Kleinen werden kurz nach der Geburt das erste Mal gesäugt.

▶ MUTTERSTRESS

Sie sollten die Zwerghamsterfamilie jetzt in Ruhe lassen. Säubern Sie den Käfig erst wieder komplett, wenn die Hamsterbabys selbständig aus dem Nest kommen. Zu viel Aufmerksamkeit Ihrerseits kann das Muttertier stressen. Schlimmstenfalls kann das dazu führen, dass sie ihren Nachwuchs auffrisst.

Aufzucht

Mischen Sie sich nicht in die Aufzucht der Jungen ein. Das kriegt die Hamstermama prima alleine hin. Stören Sie die Familie nicht. Zwar sollten Sie kontrollieren, ob in der Kinderstube alles in Ordnung ist, aber bitte vorsichtig. Ideal ist es, wenn das Nest in einem Häuschen mit abnehmbarem Dach ist. Sollten tote Hamsterbabys im Käfig sein, müssen Sie diese gleich entfernen.

Nach etwa zehn Tagen öffnen die Tierchen die Augen und erkunden den Nestbereich. Nach etwa zwei Wochen entdecken die kleinen Wühler auch den Rest des Käfigs. Noch eine Woche später sind sie in der Regel soweit, dass sie nicht mehr gesäugt werden müssen. Jetzt sollten Sie auch alle Spielsachen im Hamsterheim entfernen, die Kleinen könnten sich verletzen.

Nach etwa fünf bis sechs Wochen sind die Jungen aus dem Gröbsten raus. Das ist auch das Alter in dem die meisten Jungtiere abgegeben werden.

>> Es dauert nicht mehr lange, und das winzige Kerlchen wird den Käfig unsicher machen.

▶ KINDERKÜCHE

Die Mama weiß, was für den Nachwuchs gut ist. Sobald die Kleinen nicht mehr gesäugt werden, wird sie ihnen verschiedene Sachen anbieten. Das wird Körnerfutter sein, aber auch Grünfutter.

>> Mama hat entschieden. Das ist nichts für Junior.

Links

In den Suchmaschinen finden Sie jede Menge interessante und informative Internetseiten rund um die quirligen Zwerghamster. In entsprechenden Foren stehen Zwerghamsterfans und Züchter den Anfängern mit guten Ratschlägen und Tipps zur Seite. Hier werden Sie auch fündig, wenn es kein Dsungare sein soll, sondern ein Zwerghamster, der in den Zoofachhandlungen nur selten vertreten ist. Eine kleine Auswahl:
www.nager-info.de
www.hamsterseiten.de • www.hamsterratgeber.de
www.rodent-info.net • www.tierschutzbund.de
www.zzf.de

(Hinweis: Der Verlag ist nicht für den Inhalt von Internetseiten und deren Links verantwortlich.)

Adressen

Ein Tierheim in Ihrer Nähe kann Ihnen der Deutsche Tierschutzbund nennen.
Deutscher Tierschutzbund e.V., Baumschulenallee 15, 53115 Bonn, Deutschland (www.tierschutzbund.de)

Informationen über Heimtiere/Zoofachgeschäfte erteilt der ZZF.
Zentralverband Zoologischer Fachbetriebe e.V., www.zzf.de

Bibliografische Information der Deutschen Nationalbibliothek

Die Deutsche Nationalbibliothek verzeichnet diese Publikation in der Deutschen Nationalbibliografie; detaillierte bibliografische Daten sind im Internet über http://dnb.d-nb.de abrufbar.

© 2008, 2010 Eugen Ulmer KG
Wollgrasweg 41, 70599 Stuttgart (Hohenheim)
E-Mail: info@ulmer.de
Internet: www.ulmer.de
Titelfoto und Fotos Innenteil: Christine Steimer
Umschlagentwurf: Sojus Design, Kai Twelbeck, Stuttgart
Druck und Bindung: Litotipografia Alcione, Lavis
Printed in Italy

ISBN 978-3-8001-6938-2